Inhalt

LARRY WINGET

Halt den Mund, hör auf zu heulen und mach Deinen Job!

Das einfache Geheimnis für
Erfolg im (Berufs-)Leben

BOOKS4SUCCESS

Die Originalausgabe erschien unter dem Titel
It's called Work for a Reason!
bei John Wiley & Sons, Inc.
ISBN 1-592-40226-7

© Copyright der Originalausgabe 2007:
Larry Winget. Alle Rechte vorbehalten.

© Copyright der deutschen Taschenbuchausgabe 2013:
Börsenmedien AG, Kulmbach

2. Auflage 2019

Aus dem Amerikanischen von Dr. Tilmann Kleinau
Druck: GGP Media GmbH, Pößneck

ISBN 978-3-86470-142-9

Bibliografische Information der Deutschen Nationalbibliothek:
Die Deutsche Nationalbibliothek verzeichnet diese Publikation in der
Deutschen Nationalbibliografie; detaillierte bibliografische Daten
sind im Internet über <http://dnb.d-nb.de> abrufbar.

BÖRSEN MEDIEN
AKTIENGESELLSCHAFT

Postfach 1449 • 95305 Kulmbach
Tel: +49 9221 9051-0 • Fax: +49 9221 9051-4444
E-Mail: buecher@boersenmedien.de
www.books4success.de
http://www.facebook.com/books4success

Vorwort

Bevor Sie anfangen dieses Buch zu lesen, möchte ich Sie erst einmal warnen.

Es gibt Stellen in diesem Buch, die Ihnen gar nicht gefallen werden.

Warum ich das sage? Warum kommt ein Autor auf die Idee, seine Leser als Erstes vor seinem Buch zu warnen und ihnen zu sagen, es werde ihnen nicht gefallen? Nun, weil sie es früher oder später sowieso merken werden und es besser ist, wenn sie vorgewarnt sind.

Ich sage Ihnen lieber gleich, dass mein Buch jede Menge Aussagen enthält, die Sie auf die Palme bringen werden. Aussagen, die Sie beunruhigen werden. Aussagen, die allem zuwider laufen, woran Sie sich so gerne gewöhnt haben. Die dem widersprechen, was Sie glauben. Dinge, die Sie ärgern werden. Dinge, die Sie verletzen werden.

Wenn ich Ihnen das jetzt schon sage, dann deshalb, weil es mir ehrlicher erscheint.

Nun, wo wir das hinter uns haben, ahnen Sie vielleicht schon, dass dieses Buch keiner der typischen Erfolgsratgeber ist.

Und das ist auch gut so.

Ich habe Tausende von Erfolgsratgebern gelesen. Das ist nicht übertrieben. Ich habe tatsächlich ein paar Tausend von den Dingern gelesen. Und alle, bis auf ein paar wenige, waren reine Zeitverschwendung.

Als Leser wäre ich dankbar gewesen, wenn man mich gewarnt hätte, dass das Buch, mit dessen Lektüre ich gerade anfangen wollte, nichts als leeres Geschwätz enthält. Aber leider hat mich niemand gewarnt. Der Autor hat mich das ganze Buch lesen lassen, sodass ich erst am Schluss gemerkt habe, dass wirklich jede einzelne Seite nur unwichtige Informationen enthält. Als ich dann fertig war, legte ich das Buch weg und war sauer, dass ich meine Zeit mit einem Buch verschwendet hatte, das nur wenig Substanz enthielt und praktisch kaum anwendbar war.

Die meisten Autoren der Erfolgsratgeber, die heute auf dem Markt sind, streicheln das Ego der Leute, indem sie das untermauern, was ihre Leser sowieso schon wissen. Sie sagen sinngemäß: „Sie machen Ihre Arbeit wirklich gut; Sie sollten sie lediglich etwas besser machen oder in eine etwas andere Richtung denken." Andere liefern Ihnen eine detaillierte statistische Analyse der Wirtschaftslage oder irgendwelche Kauftipps oder irgendein anderes analytisches Detail, das Sie dazu veranlasst, sich in den langweiligen Passagen und Seiten zu verlieren, bis Sie vor lauter Details nicht mehr wissen, worum es in dem Buch überhaupt geht. Manche Schreiberlinge reiten auf dem neuesten Modewort des Tages (etwa „Branding") herum und texten Sie zu, ohne Ihnen klar zu sagen, wie Sie das erreichen können, was Sie ihrer Meinung nach eigentlich tun sollen. Manche sagen Ihnen, Sie müssten Ihren Job nur genug lieben, dann käme der Erfolg von allein. Die schlimmsten Vertreter ihrer Zunft erzählen Ihnen nette Märchen mit so bescheuerten Dialogen und so harmlosen Botschaften, dass Sie sich irgendwann auf den Arm genommen fühlen. Viele Erfolgsratgeber enthalten zu viel Fachchinesisch, zu viel Geistreiches, zu viel Illusorisches, zu viel Bullshit, zu viel von allem Möglichen außer dem Wesentlichen, was geschäftlichen Erfolg ausmacht: der Arbeit!

Alle diese Bücher verkaufen einem eine Menge Mist. Und die Leute lecken ihn auf, als wäre es Eis. Dabei ist die Antwort auf alle Probleme im Geschäftsleben ganz einfach: Die Leute arbeiten nicht wirklich!

Die meisten Angestellten arbeiten nicht effektiv – manche arbeiten sogar fast gar nicht. Viele Arbeitskräfte werden schlecht ausgebildet, wenn überhaupt. Der Dienst am Kunden ist nicht nur schlecht, er ist teilweise richtig grauenhaft schlecht. Und die Firmen sehen bei all dem zu und schieben die Verantwortung auf die dummen Kunden oder die schwierige wirtschaftliche Lage, anstatt auf ihre Mitarbeiter und, letztlich, sich selbst. Die meisten Unternehmen verkaufen viel zu wenig, weil die Mitarbeiter der Vertriebsabteilung zu faul sind, den Hörer in die Hand zu nehmen und wirklich mit ihren Kunden zu reden. Der Kundendienst ist erschreckend schlecht, weil sich die Mitarbeiter nicht wirklich für den Dienst an ihren Kunden einsetzen und sich ihre Vorgesetzten nicht genug darum kümmern, dass sich etwas ändert. Viele Mitarbeiter machen ihren Job nicht, weil da niemand ist, der es von ihnen verlangt oder sie dafür bestraft, wenn sie ihn nicht richtig machen.

Ich vertrete in diesem Buch die Ansicht, dass schlechte Ergebnisse nichts anderes sind als das Ergebnis schlechter Leistung. Ich nehme Verkauf und Vertrieb, Kundendienst, Personalführung und Management, Teamarbeit, Arbeitsplatzwechsel und Zusammenarbeit unter die Lupe und zeige mit dem Finger auf den, der an der ganzen Misere die Schuld trägt – nämlich auf Sie.

Dieses Buch ist anders als alle Bücher, die Sie bisher gelesen haben. Ich serviere Ihnen meine Wahrheiten schonungslos, ohne Zuckerguss und nette kleine Gleichnisse. Dabei verwende ich die Sprache, die Sie am besten kennen und verstehen – Ihre eigene.

Dieses Buch ist sehr eigensinnig und sehr subjektiv. Denn Meinungen sind alles, was ich Ihnen anzubieten habe. Es sind Ansichten, die ich in jahrelanger Lebens-, Berufs- und Führungserfahrung und nach Jahren der Dummheit gewonnen habe. Diese Ansichten haben sich für mich in allen Bereichen meines Berufslebens bewährt. Deshalb glaube ich, dass sie auch bei Ihnen funktionieren.

Warum Sie auf mich hören sollen?

Ich weiß, wovon ich spreche. Ich habe schon alles Mögliche gemacht, mit dem man Geld verdienen kann. Ich habe Dreck geschippt,
Bäume gestutzt, war einer der ersten männlichen Telefonisten in
der Firma Bell System, war im Einzelhandel tätig, im Verkauf, als
Abteilungsleiter und sogar als Firmenchef. Ich war auf der Gehaltsliste und unter denen, die eine Gehaltsliste führen. Ich habe in kleinen Betrieben und großen Firmen gearbeitet, als Angestellter und
in Führungspositionen.

Ich habe als Verkäufer viele Prämien und Preise gewonnen und
war mal der ranghöchste Vertriebsleiter von AT&T. Ich habe drei
Firmen aus dem Nichts hochgezogen, bis es erfolgreiche, blühende
Unternehmen waren. Ich habe für fast 400 der wichtigsten 500 Fir-
men des US-amerikanischen Fortune-Index gearbeitet und für sie
Vorträge gehalten. Ich habe die ganze Welt bereist und vor Ort mit
allen möglichen Betrieben und Unternehmen gesprochen. Ich bin
Mitglied der International Speaker Hall of Fame, der Vereinigung
der erfolgreichsten Redner Amerikas. Ich bin Moderator einer US-
Fernsehshow, in der ich Menschen helfe, die vor dem finanziellen
Ruin stehen. Imponiert Ihnen das? Wenn nicht, ist es mir auch egal.
Aber Sie sollten eines wissen: Ich habe für große Unternehmen gearbeitet und kleine Betriebe besessen und geführt. Dabei habe ich
nebenher viele unterschiedliche Dinge getan und jede Menge Erfahrungen gemacht. Auch ich habe Einbrüche bei den Verkaufszahlen erlebt, einen schlechten Kundendienst geboten, meine Mitarbeiter übel behandelt, bin stinkfaul gewesen … die ganze Palette.
Ich war sogar auch schon mal bankrott und habe alles verloren. Was
man nur falsch machen kann, habe ich falsch gemacht. Ich war sozusagen schon der dümmste Geschäftsmann Amerikas.

Ich bin kein Professor für Betriebswirtschaft und kein Gelehrter.
Ich bin ein einfacher Junge, der es mit harter Arbeit, auf steinigem

Weg und mit vielen Rückschlägen zu etwas gebracht hat. Auf diesem Weg habe ich einiges gelernt. Ich habe mich mit intelligenteren Menschen, als ich es bin, unterhalten, um aus ihren Erfahrungen zu lernen. Ich habe mehr als 3.000 Bücher gelesen – einige davon waren schrecklich und manche von unschätzbarem Wert –, um herauszubekommen, was funktioniert und was nicht. Ich habe mir mehr als 5.000 Stunden Audio-Material von den weltbesten Business-Experten angehört und jede brauchbare Information daraus begierig in mich aufgesogen. Ich habe studiert, zugehört und herumexperimentiert, bis ich verstanden habe, worauf es ankommt, wenn man geschäftlich erfolgreich sein will. Auf diesem Weg habe ich es vom Pleitegeier bis zum Multimillionär gebracht.

Heute reise ich kreuz und quer durch die Welt und spreche mit Geschäftsleuten aller Art darüber, wie man erfolgreicher wird. Ich spreche mit den Arbeitern und kleinen Angestellten – denen, die die eigentliche Arbeit machen. Ich arbeite mit Geschäftsführern, Franchise-Nehmern und Abteilungsleitern, die sich brennend dafür interessieren, was sie in ihrer Position besser machen können. Ich spreche mit Chefs, Angestellten und Hilfsarbeitern, mit Leuten mit und ohne Kragen oder Krawatte, weil sie sonst nirgendwo das bekommen, was sie brauchen. Sie bezahlen mich dafür, dass ich sie berate und ihnen sage, was sie tun sollen. Auch Sie, liebe Leser, bezahlen mich dafür, dass ich Ihnen ein paar nützliche Tipps für Ihren Erfolg gebe. Und ich möchte, dass Sie möglichst viel für Ihr Geld bekommen.

„Woher weiß ich, ob das das richtige Buch für mich ist, Larry?"

Dieses Buch ist für Sie bestimmt, wenn Sie ein Gehalt beziehen. Es ist für Sie bestimmt, wenn Sie für Ihren Lebensunterhalt arbeiten gehen müssen, wenn Sie jemals für Ihren Lebensunterhalt gearbeitet haben oder planen, es zu tun. Es ist für junge Menschen gleich nach der Schule, noch vor dem ersten Job, geschrieben, genau wie für den Geschäftsführer mit fünfzigjähriger Berufserfahrung. Es ist für die Sekretärin, die Verkäuferin, den Vertriebsmenschen, den Pförtner und Hausmeister. Es ist ein Buch für alle, die Arbeit haben und am Arbeitsleben teilnehmen – egal, ob sie andere managen oder von anderen gemanagt werden.

Dieses Buch enthält einige Antworten. Nicht alle Antworten, natürlich! Ich würde niemals behaupten, ich wüsste alle Antworten. Es enthält Antworten auf diejenigen Probleme, die sich mir in meinem Berufsleben gestellt haben. Die Ideen, die ich hier verbreite, sind die, die sich bei mir persönlich bewährt haben. Ich verlange nichts von Ihnen, was ich nicht selbst getan habe. Wenn meine Ideen Ihnen gefallen, dann probieren Sie sie aus. Dann wissen Sie, ob sie funktionieren. Wenn Sie damit Erfolg haben, seien Sie glücklich, dann hat sich Ihr Einsatz gelohnt. Auch wenn meine Ideen Sie nicht überzeugen, probieren Sie sie trotzdem aus. Schließlich klappt das, was Sie jetzt gerade machen, wohl auch nicht so gut, und Sie tun wahrscheinlich gut daran, etwas Neues zu versuchen. Und wenn Sie meine Ideen ausprobieren, aber keinen Erfolg damit haben, was haben Sie dann verloren? Ein bisschen Zeit, Mühe und Geld, mehr nicht. Aber selbst dann sind Sie vermutlich Ihrem Ziel schon ein Stück näher gekommen, herauszubekommen, was das Richtige für Sie ist.

Vielleicht sagen Sie, wenn Sie dieses Buch lesen: „Das kenne ich doch alles schon." Ich hoffe für Sie, dass es so ist! Denn sollten Sie das erste Mal hören, dass man für etwas die persönliche Verantwortung übernimmt, seine Arbeit ordentlich macht, für die man bezahlt wird, sich persönlich integer zu verhalten hat, vernünftig handelt, das Richtige tut und notfalls auch mal schwere Entscheidungen trifft, wäre es ganz schön schlecht um Sie bestellt. Um nichts anderes geht es in diesem Buch. Sie brauchen kein Nobelpreisträger zu sein, um das alles zu verstehen. Es geht nur um eine Handvoll einfacher Ideen, die wir alle uns in Gedächtnis zurückrufen sollten und deren Anwendung im Berufsalltag ich Ihnen zeige. Diese Ideen sind für jedermann in jeder Branche hilfreich. Aber es sind mehr als Geschäftsprinzipien. Es sind Grundregeln für Ihr Leben.

Genug geredet. Fangen wir an. Erlauben Sie, dass ich Sie provoziere und nerve und Ihnen so ganz nebenbei etwas fürs Leben mitgebe. Seien Sie so offen, in diesem Buch zumindest einen guten Gedanken für sich zu finden. Wenigstens einen. Das soll nicht heißen, dass das Buch wenig gute Ideen enthält, aber ich will, dass Sie hier wenigstens eine gute Anregung mitnehmen, die Sie im Alltag sofort umsetzen können. Eine gute Anregung kann Ihr Leben verändern, auch Ihr berufliches, und kann Sie reich machen. Wenn Sie in diesem Buch auch nur eine gute Anregung finden, ist es schon seinen Preis wert, nicht wahr? Natürlich ist es das! Also fangen Sie an zu lesen. Nehmen Sie sich einen Textmarker und einen Kugelschreiber und ackern Sie das Buch durch. Halten Sie Ausschau nach der einen guten Idee und setzen Sie sie heute noch um!

„Die Menschen sind lieber nett als aufrichtig zueinander, lieber einfühlsam als ehrlich. Es ist wichtig, nett und einfühlsam zu sein; aber nicht auf Kosten der Aufrichtigkeit. Ehrlichkeit ist das Wichtigste."

Bill Maher

KAPITEL 1

„An die Arbeit"

„Mach's gut, Schatz, ich muss in die Arbeit ..."

Schöner Blödsinn! Sie gehen doch gar nicht wirklich arbeiten. Sie gehen oder fahren an diesen Arbeitsort, der nicht Ihr wirkliches Zuhause ist und wo Sie sich besser anziehen müssen als daheim. Sie gehen an einen Ort, wo jede Menge andere Menschen sind, die auch alle ihren Lieben etwas vorgelogen haben von wegen: „Ich muss jetzt in die Arbeit!" Alle sind Lügner – Sie und alle anderen, mit denen Sie angeblich zusammen arbeiten. Alle nennen sich Mitarbeiter und sind in Wirklichkeit nur Mitläufer.

Die meisten Studien kommen zu dem Ergebnis, dass die Leute nur während der Hälfte ihrer Arbeitszeit wirklich arbeiten. Jetzt verlangen Sie aber nicht von mir, ich soll Ihnen diese Studien nennen – ich hatte nämlich keine Zeit, die Quellen zu recherchieren. Ich hatte zu viel damit zu tun, herumzuhängen. Sie wissen, was ich mit „herumhängen" meine, stimmt's? Das ist das, was Sie an Ihrem Arbeitsplatz ungefähr die halbe Zeit tun. Zumindest habe ich von solchen Studien gehört, und sie sagen fast alle, dass die Leute nur die Hälfte ihrer Arbeitszeit wirklich arbeiten. Den Rest ihrer Zeit verbringen sie mit Tratschen, Essen, Herummeckern, E-Mail-Schreiben, Internet-Surfen, Kaffeetrinken, Tagträumerei und unnötig häufigen Klo-Besuchen. Jede 15-Minuten-Pause wird nach Möglichkeit auf 25 Minuten ausgedehnt, jede einstündige Mittagspause auf 75 Minuten. Was dann noch übrig bleibt, sind etwa 50 Prozent reine Arbeitszeit – bei allen Beschäftigten. Und der Grund, warum diese Bummelei immer so läuft, ist, weil es einfach jede und jeder in der Firma so macht – vom Pförtner bis zum Boss.

Wenn jeder nur die halbe Zeit arbeitet, braucht man die doppelte Zahl von Beschäftigten, um dieselbe Menge Arbeit zu erledigen. Das bedeutet höhere Personalkosten, höhere Versicherungskosten, mehr Betriebssteuern und letztlich höhere Preise für die Produkte und Dienstleistungen. Was Arbeit so teuer macht, sind die vielen faulen Leute, die nicht arbeiten, obwohl sie dafür bezahlt werden.

Dabei heißt es nicht umsonst: Arbeit!

Es heißt „Arbeitszeit", nicht „Spielzeit" oder „Freizeit". Die Zeit ist zum Arbeiten da. Leider scheinen die meisten Angestellten dieses Prinzip nicht zu verstehen. In den Schulen wird es nicht unterrichtet, und zu Hause lernen es die Kinder auch nicht. Auch den neu einge-stellten Mitarbeitern sagt man es nicht. Es wird nicht mit Sanktionen durchgesetzt. Es wird wohl nicht einmal so erwartet. Deswegen wird es auch von den Managern nicht wirklich verlangt. Es gibt ja auch keinen, der mit gutem Beispiel vorangeht. Nur viele, die meckern, dass es keiner beherzigt.

Sie werden fürs ARBEITEN bezahlt

Was bedeutet das, „arbeiten"? Produktiv sein. Ergebnisse erzielen. Dafür hat man Sie eingestellt. Sie sind da, weil Sie der Firma mehr Geld einbringen sollen, als Sie sie kosten. Ihre Leistung muss also höher sein als Ihre Kosten. Das erreichen Sie nicht durch Herumbum-meln, sondern dadurch, dass Sie Ihre Aufgaben möglichst schnell, effektiv und kostenarm erledigen. Sie müssen richtig und professi-onell arbeiten. Wie wissen Sie, dass Sie gut gearbeitet haben? Wenn

Sie danach müde sind. Wenn Sie schwitzen – entweder körperlich oder geistig, im übertragenen Sinne. Kapiert?

Ich bin sicher, Sie arbeiten nicht so hart, wie Sie selbst meinen. Vermutlich arbeiten Sie, wie die meisten Menschen, gerade so viel, dass Sie nicht gefeuert werden, und wahrscheinlich bekommen Sie dafür gerade so viel, dass Sie nicht selber kündigen.

Auch Ihre Firma arbeitet bestimmt nicht so hart, wie ihr Jahresgeschäftsbericht glauben machen möchte. Sie sagt, sie fühle sich dem Dienst am Kunden verpflichtet, aber sie handelt nicht wirklich danach. Es heißt „Wir tun alles in unseren Kräften Stehende, damit ...", aber in Wirklichkeit bedeutet das nur: „Wir reden in unseren Meetings darüber und schreiben einander diesbezügliche Memos ..."

Schauen Sie der Wahrheit ins Gesicht: Die Produktivität der meisten Firmen sinkt. Wie ich dazu komme, das zu behaupten? Ich kann es Ihnen beweisen: Fragen Sie sich mal, was Sie heute schon geleistet haben. Ernsthaft. Haben Sie heute schon irgendetwas geleistet, das zur Bilanz des Unternehmens beiträgt, das Ihnen Ihr Gehalt bezahlt? Lügen Sie nicht. Machen Sie sich nichts vor. Gestehen Sie sich die Wahrheit ein. Sie sind der Einzige, der es jetzt hört, also trauen Sie sich und fragen Sie sich: „Was habe ich heute schon getan?" Tun Sie es. Jetzt, sofort. Überlegen Sie. Ich habe Zeit, ich kann warten. Was haben Sie heute schon getan?

Wenn Sie es wissen, ziehen Sie von Ihrer Antwort 75 Prozent ab, und Sie sind näher an dem, was Sie wirklich getan haben.

Wie kann es so weit kommen?

Wir alle konzentrieren uns lieber auf den Weg als auf das Ziel. Wir sind Zuschauer geworden, anstatt zu handeln. Wir belohnen die falschen Tätigkeiten. Wir haben uns daran gewöhnt, mittelmäßige Leistungen zu akzeptieren. Wir zeigen den Leuten nicht, wie sie gute Mitarbeiter werden. Wir schaffen uns keine gute Arbeitsumgebung mehr. Das Leistungsniveau ist niedrig, weil die Erwartungen gering sind. Sind das genug Gründe? Es sind bestimmt nicht alle Gründe, die man anführen könnte, aber fürs Erste reichen sie. Sehen wir sie uns einmal näher an.

Falscher Fokus

Das beste Beispiel für einen falschen Blickwinkel ist eine der am häufigsten verwendeten Techniken des modernen Geschäftslebens, die To-Do-Liste, auf der steht, was wir zu erledigen haben. Haben Sie eine To-Do-Liste? Haben Sie schon mal eine verwendet? Bestimmt. Es ist ein Werkzeug, das die Leute dazu bringen soll, ihre Arbeit einzuteilen, zu planen und zu strukturieren. Dabei geschieht leider oft das genaue Gegenteil. Lassen Sie mich mal ein bisschen ketzerisch werden und sagen: Die To-Do-Liste ist reine Zeitverschwendung und tötet Ihre Produktivität. Warum? Bitte beantworten Sie mir diese Frage: Was ist wichtiger – was Sie erledigen wollen oder was Sie gerade erledigen? Jeder auch nur halbwegs intelligente Mensch kennt die Antwort: das, was Sie gerade erledigen. Aber wir konzentrieren uns nicht auf das, was wir gerade tun. Wir konzentrieren uns auf das, was die Mitarbeiter tun sollen. Dazu meine nächste Frage: Warum ist es so wichtig, was die Leute tun sollen? Viel wichtiger ist doch, dass sie das Notwendige tun.

Daran schließen sich jede Menge weitere Fragen an. Fragen zum Bereich Personalführung, Management, Produktivität, Leistungsübersichten, Quoten und Belohnungssystemen, um nur einige Dinge zu nennen.

Die Arbeitgeber lieben es, wenn ihre Mitarbeiter geschäftig hin- und herwuseln. Die Abteilungsleiterin steht gerne stolz neben ihrem Chef und zeigt ihm, wie bienenhaft fleißig ihre Mitarbeiterinnen sind und wie viel in der Abteilung los ist. Aber ist das wirklich wichtig? Gut, es ist dann wichtig, wenn Kunden da sind, denn wenn die sehen würden, dass da einige nichts tun, wäre das schlecht fürs Firmenimage. Daher lautet die Antwort im Kundenbereich ja, es ist wichtig, dass die Mitarbeiter beschäftigt aussehen. Wenn Sie in für Kunden nicht zugänglichen Bereichen arbeiten, ist Ihr geschäftiges Aussehen kein Garant dafür, dass in Ihrer Abteilung ordentlich gearbeitet wird. Beurteilen Sie nicht die Geschäftigkeit, die sichtbare Aktivität. Beurteilen Sie lieber die tatsächliche Effektivität. Es zählt nicht, was die Mitarbeiter tun, sondern was sie leisten. Häufig ist der Mitarbeiter, der besonders fleißig wirkt, der ineffektivste. Aber der, der am fleißigsten aussieht, bekommt die Belohnung. Die Abteilungsleiter sollten sich nicht vom schönen Schein blenden lassen, sondern sich die getane Arbeit wirklich ansehen.

Deshalb schlage ich vor: Werfen Sie die Zettel mit der Aufschrift „Zu erledigen" in den Papierkorb. Werfen Sie Ihren in Leder gebundenen Planer mit der To-Do-Liste in der linken Spalte gleich hinterher. Drucken Sie lieber eine Liste mit den Worten „sofort erledigen" aus. Das ist meine Idee, und vielleicht werden Sie mir dafür noch sehr dankbar sein, aber es interessiert mich mehr, dass Sie Ihre Aufgaben auch wirklich erledigen. Wenn ich als Kunde in Ihrer Firma anrufe und nach meiner Bestellung frage, können Sie auf Ihre Liste schauen und fröhlich sagen: „Ist bereits erledigt, Herr Winget." Das ist mir Belohnung genug.

„Welchen Unterschied macht das schon?"

Einen ziemlich großen. Zugegeben, beide Arten von Listen beschäftigen sich mit den künftig zu erledigenden Aufgaben. Aber es ist ein großer Unterschied in puncto Einstellung zwischen beiden

Listen. Ihre To-Do-Liste ist nicht viel mehr als ein Wunschzettel. Ihre „Sofort erledigen"-Liste ist dringlicher und konzentrierter, es ist ein Handlungsplan für Ihren Arbeitstag. Sie zwingt Sie dazu, Ihre Aufgaben ständig zu überprüfen und in die zwei Kategorien „was ich noch heute erledigen muss" und „was ich sobald wie möglich erledigen möchte" zu trennen.

Das ist die Quintessenz des ganzen Zeitmanagements: zu tun, was getan werden muss. Aber auch das Zeitmanagement hat sich über die Jahre hin total verändert.

Sie haben keine Zeit für Zeitmanagement. Es ist zeitraubend. Sie sollten Ihre Zeit lieber für anderes verwenden als für Zeitmanagement – zum Beispiel, um all die Dinge zu erledigen, die dringend erledigt werden sollten.

Überhaupt sollte man mit dem Zeitmanagement aufhören und sich stattdessen mit der Einteilung von Prioritäten befassen. Wenn man das Dringliche zuerst tut, braucht man sich keine Gedanken mehr um die Zeiteinteilung zu machen.

Das Problem ist, dass die Prioritäten häufig nicht klar festgelegt sind. Sobald das Wichtigste gleich erledigt wird, wo ist dann das Problem? Aber man sollte natürlich immer wissen, was das Wichtigste ist.

> *„Wenn die Prioritäten geklärt sind, fällt das Entscheiden leicht."*
>
> *Roy Disney*

Was ist das Wichtigste, das in Ihrer Firma zu tun ist? Wissen Sie das überhaupt? Wenn nicht, verschwenden Sie Zeit, Energie und Geld. Jeder Einzelne im Betrieb sollte jeden Tag wissen, was er als Wichtigstes zu erledigen hat.

„Aber Larry, wir müssen doch dies *und* das und das tun."

Genau da liegt das Problem. Vor lauter Sachen, die getan werden müssen, wird zu wenig von dem, was Priorität hat, erledigt. Was muss erledigt werden? Was muss *unbedingt* erledigt werden? Ich habe nicht gefragt: „Was sollte erledigt werden" oder „Was könnte erledigt werden", sondern: „Was muss unbedingt erledigt werden?"

Wenn Sie wissen, was unbedingt erledigt werden muss, tun Sie es. So einfach ist das. Tun Sie, was unbedingt getan werden muss. Ich habe nicht gesagt, Sie sollen *nur* das machen, aber ich habe gesagt, Sie sollen *das* machen. Machen Sie es zuerst. Machen Sie nichts anderes, bis es erledigt ist. Selbst wenn Sie einen Riesenberg von Aufgaben vor sich haben, die Sie gern einmal erledigen würden und die auch getan werden müssen, erledigen Sie erst mal, was unbedingt notwendig ist.

Auch wenn es das Einzige ist, was Sie den ganzen Tag über schaffen, sind Sie danach auf jeden Fall besser dran.

Es ist so einfach, wie es klingt: Sie müssen wissen, was Priorität hat!

In jedem Job gibt es Prioritäten

Das Wichtigste für den Verkäufer ist es, zu verkaufen. Was führt und gehört zum Verkaufen? Das Kundengespräch. In der Regel können Sie nichts verkaufen, ohne jemanden zu bitten, etwas zu kaufen. Das heißt, das Wichtigste für jeden Vertriebsmitarbeiter und jeden Verkäufer ist es, mit den Kunden zu sprechen und sie zu bitten, etwas zu kaufen. Haben Vertriebsleute daneben auch andere Aufgaben? Natürlich haben sie die. Sie müssen ihren Papierkram machen, die Bestellungen einreichen, Berichte über Verkaufszahlen für die Firma abfassen, und, und, und. All das muss erledigt werden. Und es wird erledigt. Aber erst nach dem, was unbedingte Priorität hat.

Jeder hat in seinem Job unzählige Dinge, die er zu erledigen hat. Dafür habe ich vollstes Verständnis. Das Problem ist, dass wir erst mal nur das machen, was wir gerne tun, und das liegen lassen, was eigentlich dringender getan werden müsste. Warum? Weil wir dafür keine Zeit mehr hatten.

Aber das ist Quatsch. Es gibt immer genug Zeit, das Eine zu tun, was unbedingt getan werden muss. Genau darum ist die „Sofort zu erledigen"-Liste so wichtig. Sie hilft Ihnen, Ihre Prioritäten richtig zu setzen und das für den Erfolg Entscheidende zu tun.

Wir handeln nicht mehr, wir schauen nur noch zu

Die meisten Leute sind nicht mehr auf ordentliches Arbeiten hin erzogen. Sie sind gewohnt, anderen bei der Arbeit zuzusehen. Wir sind alle Meister im Beobachten geworden. So ist es leichter, sich die Serie *Fünf Freunde* im Fernsehen reinzuziehen, als selbst Freundschaften aufzubauen und zu pflegen. Es ist leichter, zuzuschauen, wie andere in einer Fernsehsendung wie *Die Reportage* sich um einen Job bewerben, als los zu marschieren und sich selbst einen neuen Job zu suchen. Es ist leichter, als Super-Verlierer auf der Couch zu sitzen und die Sendung *The Biggest Loser* anzuschauen, als selbst den Hintern hoch zu bekommen und abzunehmen. Es ist natürlich auch viel unterhaltsamer, im Fernsehen zuzusehen, wie jemand sein Wohnzimmer streicht, als selbst sein eigenes Wohnzimmer zu streichen. Oder sich anzuschauen, wie eine Fernseh-Nanny anderer Leute Kinder erzieht, als sich mit seinen eigenen Kids rumärgern zu müssen.

Ist es da verwunderlich, wenn wir auch in der Arbeit lieber anderen beim Malochen zusehen, als selbst das Heft in die Hand zu nehmen? Das ist ein großes gesellschaftliches Problem mit gewaltigen Folgen; im Geschäftsleben ist dieses Verhalten ein Produktivitätskiller ersten Ranges, der uns alle viel, viel Geld kostet.

Wir belohnen falsches Verhalten

Wir neigen dazu, Leute, die fleißig aussehen, zu belohnen, anstatt diejenigen zu belohnen, die wirklich fleißig sind. Wer mit wenig Aufhebens seine Sache gut macht, bekommt dafür nur selten Anerkennung. Stattdessen heißt es dann, er habe eben Glück gehabt, der Erfolg sei ihm halt in den Schoß gefallen. Na und? Dann hat er eben Glück gehabt. Dann ist ihm eben auch mal was in den Schoß gefallen. Warum nicht? Wenn jemand seine Arbeit ordentlich macht, ist ihm auch das zu gönnen.

Wir belohnen Mitarbeiter, die früh am Arbeitsplatz sind und abends die letzten im Haus sind. Wir belohnen die, die die Mittagspause auslassen. Und all das wegen vorbildlicher Leistung. Ich halte davon gar nichts. Wenn eine Mitarbeiterin mit der ihr vorgegebenen Arbeitszeit nicht hinkommt, heißt das wahrscheinlich nur, dass sie herumtrödelt, anstatt systematisch und konzentriert zu arbeiten. Merken Sie sich: Es geht nicht darum, möglichst lange am Arbeitsplatz zu sein, sondern darum, in seiner Arbeitszeit möglichst effektiv zu sein.

Habe ich damit gemeint, dass Sie nie früher kommen, länger bleiben oder die Mittagspause auslassen sollen? Natürlich nicht. Manchmal muss man eben alles Menschenmögliche tun, um seine Arbeit zu schaffen. Aber normalerweise bewältigen Sie Ihre Arbeit auch in der Zeit, für die Sie bezahlt werden. Belohnen Sie niemals einen Workaholic, weil er ein Workaholic ist. Das ist nicht gesund, und es ist das falsche Signal – für den Workaholic wie für seine Kollegen.

Wir tolerieren schlechte Leistung

Für einen Abteilungsleiter ist es in jedem Fall bequemer, wegzusehen und ein Problem zu ignorieren, als sich die Zeit zu nehmen, es zu lösen. Da wird ein großes Tamtam gemacht, wenn jemand ein paar Minuten zu spät kommt. Dabei ist es gar nicht immer wert, das aufzuschreiben oder denjenigen gleich zu ermahnen. Warum wird jemand ermahnt? Weil er zu spät kommt. Er wird dafür bezahlt, dass er pünktlich ist – und nicht zu spät kommt. Der Rest ist anscheinend egal.

Kapiert es endlich, Ihr Herren Abteilungsleiter: Wenn Ihr schlechte Leistung toleriert oder die Dinge schleifen lasst, seid Ihr nicht weniger schuldig als der schlampige Mitarbeiter. Es gibt eine Mitschuld durch gemeinsames Wegsehen, durch Tolerieren. Und Euer Chef sollte Euch dafür bestrafen. Wenn er das nicht tut, macht auch er sich schuldig. Die Anklage lautet auf Mitwisserschaft und Mittäterschaft bei schlechter Arbeitsleistung.

Wir bringen den Leuten nicht bei, wie man ordentlich arbeitet

Oft verbringt man in der Firma mehr Zeit damit, einen armen kleinen Angestellten für einen Fehler zu tadeln und abzumahnen, als damit, ihm zu zeigen, wie man es richtig macht. Die meisten Betriebe haben kein Budget für Schulung und Fortbildung, sie nehmen sich keine Zeit dafür, und die einzige Schulung besteht in dem Satz: „Das ist Ihre Arbeit, erledigen Sie sie."

Wir versäumen es, eine förderliche Arbeitsumgebung zu schaffen

Viele Büros sind vollgestopft und unordentlich. Die Ein- und Ausgänge sind verqualmte Löcher. Freitags laufen die Leute wie Penner angezogen herum, „weil ja schon Freitag ist". Im Pausenraum liegt tagealter Kuchen, der vom letzten Geburtstag übrig geblieben ist. Die Leute essen an ihren Schreibtischen.

Büros sehen nicht mehr so aus, als würde hier noch viel gearbeitet. Manche Arbeitsplätze sehen eher wie Partykeller am Morgen danach aus.

Die Erwartungen sind niedrig; die Standards noch niedriger

Eine Freundin von mir leitet die Schuhabteilung eines großen Kaufhauses. Sie hat mir neulich erzählt, ihre wichtigste Aufgabe sei es, dafür zu sorgen, dass die Leute auch tatsächlich am Arbeitsplatz erscheinen – und wenn sie kommen, sei sie so froh darüber, dass da ein paar Menschen im Laden stehen, dass sie über deren Leistung meist kein Wort verliere. Sie erzählte mir sogar, einer ihrer Mitarbeiter sei an seinem zweiten Arbeitstag nach der Mittagspause gar nicht mehr aufgetaucht. Drei Tage später sei er dann pünktlich zum Dienst erschienen und habe sich gewundert, dass er inzwischen gefeuert worden war.

Wenn Mitarbeiter keine ordentliche Leistung bringen, dann liegt es oft daran, dass man keine von ihnen erwartet. Die Abteilungsleiter sind froh, dass sie überhaupt zum Dienst kommen. Da zählen solche ‚Kleinigkeiten' wie der Umgang mit den Kunden, die Verkaufsleistung, die Zusammenarbeit mit Kollegen und die gute Kenntnis des Warenangebots des Hauses kaum noch.

Die Standards der Mitarbeiter sind niedriger als die Erwartungen an sie. Wer nicht viel erwartet, bekommt auch nicht viel. Wenn man über längere Zeit nicht viel bekommt, sinken auch die Leistungsstandards.

Sicher haben auch Sie schon mal ein Lieblingsrestaurant gehabt, in das Sie am liebsten gehen. Am Anfang gehen Sie ziemlich oft hin. Andere auch. Das spricht sich herum, und bald kann man dort nicht mal mehr einen Tisch reservieren. Dann, eines Tages, ist es nicht mehr so gut wie gewohnt. Der Service ist ein bisschen zu langsam, das Wasserglas nicht ganz sauber, und das Essen ist auch nicht mehr so gut wie sonst. Sie sind unzufrieden, aber Sie denken, na ja, jeder hat mal einen schlechten Tag. Sie kommen ein paar Wochen später wieder, aber da ist es auch nicht mehr so gut wie früher. Sie versuchen es noch einmal, Ergebnis wie gehabt. Einen Monat später, als Sie zufällig vorbeifahren, parken nur noch ganze vier Autos vor dem Lokal. Zwei Monate später steht ein Schild mit der Aufschrift „Zu vermieten" vor dem Gebäude.

Wie konnte das passieren? Ganz einfach. Eines Tages hat einer der Geschäftsführer einem Angestellten einen Fehler durchgehen lassen. Er hat ihn nicht korrigiert, weil er gerade zu beschäftigt war, sich gerade nicht gut gefühlt hat oder sich nicht herumärgern wollte. Der Angestellte schließt daraus, bewusst oder unbewusst, dass es auch mit weniger Leistung geht. Ein paar Kollegen registrieren aufmerksam, dass der Kollege keine Ermahnung für seine schlechte Leistung bekommen hat, also denken sie, dann dürfen wir das auch. Der Geschäftsführer beschwert sich nicht darüber, die Kunden auch nicht. Das ist der Moment, von dem an schlechte Leistung zum Standard wird. Der Geschäftsführer hätte es den Angestellten nicht durchgehen lassen sollen. Vielleicht hätten sie gesagt, dass der erste Kollege es ja auch machen durfte, und was ist denn schon dabei? Egal. Das Problem wurde nicht angesprochen, geschweige denn gelöst. So wird aus der hervorragenden Leistung eine mittelmäßige – und bevor man es so recht mitbekommt, sind alle entlassen, weil die Kunden weg bleiben.

Ein kleiner Ausrutscher, und der ganze Laden geht hopps. Das klingt übertrieben? Kann sein, kann aber auch nicht sein. Klar, so etwas dauert immer seine Zeit. Aber diejenigen Unternehmen, die auf keiner Hierarchiestufe schlechte Leistung durchgehen lassen und sich die Zeit nehmen, jeden Ausrutscher im Service zu besprechen, haben immer die Nase vorn, auch in wirtschaftlich schwierigen Zeiten. Sie sind trotz aller Widerstände erfolgreicher, weil sie auf allen Ebenen Bestleistung erwarten, verlangen und auch selbst erbringen.

Klar ist es nicht leicht, das umzusetzen. Deswegen machen es ja die wenigsten. Aber genau dafür wurden Sie eingestellt, und genau dafür werden Sie jeden Tag bezahlt. Wenn Sie es nicht tun, begehen Sie Diebstahl an Ihrem Arbeitgeber, denn Sie geben ihm nicht das, wofür er Sie bezahlt.

Sie sind ein Dieb!

„Was? Sie nennen mich einen Dieb? Sie kennen mich doch nicht mal persönlich!"

Natürlich kenne ich Sie. Auch ohne Sie jemals gesehen zu haben, kenne Sie gut genug, um sagen zu können, dass Sie jeden Tag stehlen.

Vermutlich nehmen Sie kein Geld aus der Kasse und unterschlagen auch kein Firmengeld. Nein, Sie nehmen auch keine Büroklammern und keine Post-it-Notes-Zettel aus der Firma mit nach Hause. Trotzdem sage ich Ihnen ins Gesicht hinein, dass Sie ein dreckiger, gemeiner Dieb sind. Warum? Jeden Tag, an dem Sie nicht Ihr Bestes geben, stehlen Sie Ihrer Firma Geld. Denn die bezahlt Sie für hervorragende Leistung. Sie bestehlen auch Ihre Kolleginnen und Kollegen, denn die müssen Ihre Schlamperei wieder ausbügeln. Und Sie bestehlen Ihre Kundschaft, denn die bezahlt hohe Preise für gute Leistung. Am meisten aber bestehlen Sie sich selbst.

Bitte beantworten Sie die folgenden Fragen ehrlich:

Überziehen Sie gern wissentlich die Kaffee- und die Mittagspausen?

Kommt es bei manchen Projekten vor, dass Sie nicht Ihr Bestes geben?

Haben Sie schon einmal behauptet, Sie hätten sehr viel zu tun, während Sie in Wahrheit so gut wie nichts zu tun hatten?

Bieten Sie Ihrer Kundschaft nicht immer hervorragenden Service und erstklassige Beratung?

Gehen Sie manchmal lieber den bequemeren Weg als den einzig richtigen Weg?

Haben Sie sich schon einmal krank gemeldet, ohne wirklich krank zu sein?

Wenn Sie auch nur eine dieser Fragen mit Ja beantworten müssen, sind Sie ein Dieb. Sicher, jeder von uns hat sich von Zeit zu Zeit schon mal das eine oder andere zu Schulden kommen lassen. Aber wenn das einreißt, wird Mittelmäßigkeit zum Standard.

Sie denken, das merkt doch keiner? Das spielt keine Rolle. Auch wenn es kein anderer merkt, Sie selbst merken es. Sie wissen, wann Sie nicht Ihr Bestes gegeben haben. Sie merken es, wenn Sie für etwas bezahlt werden, das Sie gar nicht geleistet haben. Und Sie müssen die Konsequenzen tragen. Schuldgefühle, Ablehnung und schlechte Beurteilungen anderer sind nur einige der Folgen. Am schlimmsten ist, dass Sie selbst sich dann nicht mehr gut fühlen, weil Sie wissen, dass Sie nicht Ihr Bestes gegeben haben. Das beeinträchtigt Ihr Selbstbewusstsein und letzten Endes wiederum Ihre Leistung.

Was ist die Lösung?

Lest weiter, Brüder und Schwestern!

Larrys Tipps:

So verhalten Sie sich am Arbeitsplatz richtig

››› Hören Sie auf, sich selbst und anderen etwas vorzumachen, wie hart Sie arbeiten.

››› Arbeiten Sie mehr, härter, intelligenter. Bleiben Sie fleißig. Suchen Sie sich Ihre Arbeit selbst, wenn Sie keine haben.

››› Machen Sie immer mal wieder eine kurze Pause und fragen Sie sich: Ist das hier wirklich wichtig? Trägt es wirklich zum Nutzen und Wohlergehen der Firma bei? Tue ich hier wirklich etwas Sinnvolles, oder schlage ich nur die Zeit tot?

››› Tolerieren Sie keine schlechte Leistung – weder bei sich selbst noch bei anderen.

››› Schaffen Sie eine saubere, ordentliche Arbeitsumgebung, die der Arbeit nützlich ist.

››› Erwarten Sie von jedem nur das Beste.

››› Zeigen Sie Ihren Untergebenen, was gute Arbeit ist.

››› Teilen Sie die Arbeit nach Prioritäten ein, nicht nach Arbeitszeit.

››› Überlegen Sie, was unbedingt sofort zu tun ist, und tun Sie es auch sofort.

››› Lassen Sie sich nicht durcheinander bringen durch das, was alles getan werden sollte, müsste, könnte.

››› Es ist immer genug Zeit, die Dinge richtig zu machen.

„Die meisten Leute verpassen eine gute Gelegenheit,
wenn sie nach Arbeit und Ärmel-Hochkrempeln riecht."
Thomas A. Edison

KAPITEL 2

Erfolgreich sein ist einfach

Erfolgreich sein ist einfach. Manchmal denkt man, es wäre nicht so, aber ich kann Ihnen versprechen, dass es so ist. Wahrscheinlich hat man es Ihnen nur nicht gesagt, als Sie ein junger Mensch waren. Bestimmt hat man Ihnen beigebracht, Erfolg sei etwas ganz Kompliziertes. Das ist eine glatte Lüge. Nach all der Zeit, die ich damit zugebracht habe, die Gesetze des geschäftlichen Erfolgs zu ergründen und die Prinzipien in meiner Berufspraxis auszuprobieren, kann ich Ihnen zusichern, dass ich bislang noch nichts wirklich Schwieriges finden konnte. Ich habe die Biografien der erfolgreichsten Menschen aller Zeiten gelesen und festgestellt, dass kein einziger von ihnen auf verschlungenen, komplizierten Pfaden zum Erfolg gelangt ist. Erfolg ist nichts Kompliziertes!

Wir alle wollen, dass Erfolg schwer zu erreichen ist. Jetzt sagen Sie wahrscheinlich: „Nein, ich nicht! Ich will es möglichst bequem haben. Ich wäre froh, wenn Erfolg einfach zu erreichen wäre." Aber auch das ist eine Lüge. Sie wollen doch nicht wirklich, dass Erfolg einfach zu erreichen ist? Sie sagen das zwar und meinen es sogar, aber Sie wollen es nicht wirklich. Sie wollen, dass Erfolge schwer zu erreichen sind, denn dann haben Sie eine gute Entschuldigung, wenn Sie keinen Erfolg haben. Wenn Sie andere davon überzeugen können, dass Erfolg schwer zu erreichen ist, werden die Ihnen leichter verzeihen, dass Sie nicht erfolgreich sind.

Ich sage es Ihnen gleich: Es gibt keine Entschuldigung, keine Ausrede für mangelnden Erfolg. Ich verzeihe es Ihnen nicht, wenn Sie wenig Erfolg haben. Andere tun das vielleicht, aber ich nicht. Ich weiß es besser. Auch alle anderen Leute, die erfolgreich sind, wissen es besser. Wie das Leben an sich, so ist auch das Geschäftsleben im Grunde genommen einfach zu verstehen. Ich habe nicht gesagt, leicht – aber einfach. Das ist ein großer Unterschied. Erfolg fällt einem normalerweise nicht in den Schoß. Wenn das so wäre, gäbe es auf der Welt viel mehr erfolgreiche Menschen. Erfolg ist schwer zu erreichen. Woher kommt er? Von harter Arbeit, Zielstrebigkeit und Ausdauer, dem Willen und der Fähigkeit, sich ständig zu verbessern, starkem Qualitätsbewusstsein, hervorragendem Service, Disziplin, Eifer und vielem mehr. All das ist nicht wirklich kompliziert – es sind simple Prinzipien. Aber um sie umzusetzen, bedarf es harter Arbeit.

Und hier ist die gute Nachricht ...

Sie verstehen bestimmt auch komplizierte Zusammenhänge. Ich habe nur wenige Menschen kennen gelernt, die komplizierte Zusammenhänge nicht verstanden. Jemand gibt Leuten einen Job. Sie lernen, den Job auszuüben. Sie lernen das Bedienen der Kasse, des Computers, alle Handgriffe und Operationen, die zu der Arbeit gehören. Wenn sie das alles dann gelernt haben, lassen sie die ‚kleinen Dinge' gerne schleifen. Irgendwann kommen sie nicht mehr pünktlich zur Arbeit, oder sie kommen gar nicht mehr. Sie hören auf, andere mit Respekt zu behandeln. Sie rufen andere nicht mehr zurück, halten Verabredungen nicht mehr ein, und so weiter. Es sind immer die einfachsten Dinge, die wir vernachlässigen. Vielleicht, weil sie so einfach sind … Kommt Ihnen das bekannt vor? Klinge ich jetzt schon wie eine Schallplatte, die einen Sprung hat? Habe ich das alles nicht schon ein paar Mal gesagt? Doch, natürlich! Ich dulde und verzeihe keine Schlamperei. Ich habe die Schnauze voll von Leuten, die darüber jammern, wie schlecht es ihnen geschäftlich geht. Die Wahrheit ist:

Es liegt nicht daran, dass die Geschäfte schlecht laufen. Es liegt daran, dass viele Leute ihr Geschäft schlecht machen.

Es gibt keine Erfolgsgeheimnisse!

Redner, Trainer und Autoren erzählen einem gern, dass es bestimmte Erfolgsgeheimnisse gibt. Wenn sie Sie davon überzeugt haben, dass es „Geheimnisse des Erfolges" gibt, mit deren Kenntnis man mehr Umsatz, Gewinn und Reichtum erwerben kann, dann versuchen sie Sie als Nächstes davon zu überzeugen, dass *nur sie* und niemand sonst diese Geheimnisse kennt. Wenn Sie ihnen Ihr Geld geben, werden sie Ihnen die Geheimnisse verraten. Das ist reine Abzockerei! Diese Leute sollten sich was schämen. (Nicht deshalb, weil sie Ihnen ihre Ideen verkaufen wollen. Wir alle haben das Recht, anderen Menschen unsere Ideen zu verkaufen. Ich habe Ihnen meine Ideen verkauft, als Sie dieses Buch gekauft haben. Ich habe also kein Problem mit dem Verkaufen von Ideen.) Sie sollten sich was schämen, wenn sie behaupten, es gäbe Erfolgsgeheimnisse. Denn die gibt es nicht. Es gibt auch in diesem Bereich keine neuen Ideen oder Informationen. Die Grundprinzipien des Erfolges sind so alt wie die Menschheit. Wer heute Erfolg hat, tut im Prinzip nichts anderes als diejenigen, die früher erfolgreich waren. Ich habe herausgefunden, dass es dazu auf der ganzen Welt nur eine Handvoll guter Ideen gibt. Ideen, die Sie bestimmt schon alle kennen. Sie haben sie ein Leben lang gehört. Hier sind ein paar der Grundprinzipien des geschäftlichen Erfolgs:

Übernehmen Sie persönlich die Verantwortung.

*Die Dinge ändern sich laufend,
also bleiben Sie flexibel.*

Arbeiten Sie clever und hart.

Dienen Sie anderen Menschen, so gut Sie können.

Seien Sie nett zu anderen Menschen.

Denken Sie optimistisch.

*Setzen Sie sich Ziele;
die für Sie selbst sollten besonders hoch sein.*

Konzentrieren Sie sich auf das Wesentliche.

Lernen Sie immer wieder dazu.

*Versuchen Sie,
Ihre Arbeit möglichst perfekt zu machen.*

Vertrauen Sie Ihrem Bauchgefühl.

Wenn Sie sich nicht sicher sind, handeln Sie.

Verdienen Sie so viel wie möglich. Sparen Sie so viel
wie möglich. Geben Sie so viel wie möglich.

Genießen Sie, was Sie haben.

Und, vor allem:
Machen Sie es nicht zu kompliziert.

Haben Sie in dieser Liste irgendwelche großen Geheimnisse entdeckt? Ich hoffe, nicht! Aber wir alle mögen ja unsere kleinen Geheimnisse. Die Leute geben jede Menge Geld aus, um ein Geheimnis zu erfahren. Ich habe spaßeshalber einmal in www.amazon.com nach Buchtiteln mit dem Wort „Geheimnisse" gesucht und stolze 39.000 Titel gefunden. Gibt es tatsächlich so viele Geheimnisse? Ich glaube nicht!

Es gibt allein ungefähr 1.800 Bücher über die Geheimnisse des Erfolgs. Wen wundert es da noch, dass so viele keinen Erfolg haben? Die Leute sind verwirrt, verunsichert! Erfolg ist kein Geheimnis und war nie eines. Es gibt nur wenige wirklich gute Ideen, und nicht eine davon ist wirklich geheim. Ich habe sie Ihnen einfach so genannt, und meine kleine Liste passt locker auf eine Seite. Ich brauche dazu keine 1.800 Bücher!

Es gibt allein mehr als 500 Bücher zum Thema „Geheimnisse des Kundendienstes". Wie wär's damit: höflich sein. Reicht das nicht? Ist das zu simpel? Das ist es doch, was wir alle haben wollen – dass man uns höflich und zuvorkommend behandelt und berät. Mehr ist es nicht.

Dann gibt es auch noch über 600 Bücher zum Thema „Geheimnisse des Verkaufens". Wie wäre es damit: Fragen Sie nach. Ist das wirklich so ein großes Geheimnis in der Vertriebswelt? Scheint so, wenn es mehr als 600 Bücher dazu gibt.

Fast 700 Titel beschäftigen sich mit den „Geheimnissen der Personalführung". Untersucht werden die so genannten Geheimnisse aller
großen Persönlichkeiten, vom Hunnenkönig Attila, dem Heiligen
Nikolaus über Billy Graham, Jesus, Hitler, Königin Elisabeth von Eng-
land, den Heiligen Paulus bis hin zu Harry Potter, den Benediktiner-
mönchen, Star Trek und der Bibel. Jeder militärische Führer der Geschichte scheint sein eigenes Geheimnis zu haben, desgleichen jeder
religiöse Führer und jeder Präsident. Manche Bücher reden von den
sieben Geheimnissen, manche von elf oder vier. Stellen Sie sich das
nur mal vor! Wie viele Geheimnisse der Führungskunst gibt es tatsächlich? Meiner Meinung nach nur ein einziges. Es lautet: „Führe
die Menschen!" Stell Dich vor Deine Leute und sei ihnen ein Vorbild,
dem sie nachfolgen wollen. So einfach ist das!

Stoppt den Wahnsinn!

Glauben Sie keinem, der Ihnen weismachen möchte, Erfolg in ir-
gendeinem Lebens- oder Berufsbereich sei kompliziert. Schalten Sie
Ihr Hirn ein! Wenn etwas kompliziert wird, hören Sie lieber erst mal
auf. Halten Sie inne und prüfen Sie, was Sie da tun. Fragen Sie sich,
warum es Ihnen so schwer vorkommt. Fragen Sie sich, ob man nicht
ein paar Zwischenschritte rauslassen kann, ob man das ganze Verfahren nicht vereinfachen kann. Fragen Sie sich auch immer wieder,
ob das, was Sie da tun, nicht nur Windmacherei ist und ob Sie Ihren
Zielen damit überhaupt näher kommen. Fragen Sie sich, ob Sie wirklich so viel von Nikolaus und Harry Potter lernen können.

Ich mag es einfach. Sehr einfach. In diesem Buch sage ich Ihnen,
was ich denke und warum ich es denke. Ich erzähle Ihnen dazu die
eine oder andere gute Geschichte und fasse dann alles in einer
Handvoll Punkten zusammen. Wer seine Gedanken über geschäftlichen Erfolg nicht in einer Handvoll Punkten zusammenfassen kann,

weiß nicht, worüber er spricht. Er verarscht Sie bloß. Seien Sie kein Dummkopf. Sie sind doch wohl schlau genug, Bullshit zu erkennen, wenn Sie welchen sehen. Dann müssten Sie auch clever genug sein, zu merken, was vernünftig ist und was nicht.

An dieser Stelle muss ich Sie darauf hinweisen, dass sich einiges in diesem Buch wiederholt, wenn wir von einem Thema zum nächsten gehen. Es gibt eben nur eine Handvoll Grundprinzipien des Lebens, die ich nur wiederholen kann. Denn was Erfolg im Leben bringt, bringt auch Erfolg im Berufsleben. Es funktioniert auch in den Bereichen Verkaufen, Personalführung, Kundendienst – egal, ob Sie ein Angestellter oder der Chef sind. Was gut für den Pförtner ist, ist auch für den Generaldirektor gut. Daher wiederholen sich die Grundprinzipien je nach Thema immer wieder. Sagen Sie jetzt nicht: „Dieser Kerl hört sich an wie eine Platte, die 'nen Sprung hat." Ich weiß, dass ich mich so anhöre. Aber ich habe Ihnen bereits gesagt, dass Erfolgreichsein nicht wirklich schwer ist. Wenn ich Ihnen zu jedem Thema hunderte von Konzepten liefern würde, wäre das doch ein Widerspruch in sich, oder? Alles läuft eben auf ein paar simple Ideen hinaus, die jederzeit für jeden in jeder Situation gelten.

Die einfache Formel für beruflichen Erfolg

Jedes Jahr besuche ich etwa hundert Kongresse und Meetings. Diese Meetings sind voll von Plenumssitzungen, Vorbesprechungen, Arbeitsessen und Banketten. Ihre Durchführung kostet nicht selten sechsstellige Dollar-Beträge. Jedes dieser Meetings hat nur ein Ziel: bessere Geschäfte zu ermöglichen. Ich freue mich immer, wenn ich als Redner so ein Meeting eröffnen darf. Dann kann ich den Leuten gleich den Zahn ziehen. Ich sage ihnen direkt ins Gesicht, dass ihr schönes Meeting nichts zum Firmenerfolg beitragen kann. Denn Firmen geht es nicht von selbst besser, auch dann nicht, wenn sie so ein Meeting abhalten. Einer Firma geht es nur dann besser, wenn ihre Mitarbeiter besser arbeiten.

Das ist die Formel:

> *Einer Firma geht es erst dann besser, wenn ihre Mitarbeiter besser arbeiten.*

Diese einfache Formel gilt für jeden Geschäftsbereich:

> *Der Verkauf entwickelt sich erst dann besser, wenn die Verkäufer besser arbeiten.*
>
> *Der Kundendienst wird erst dann besser, wenn die Kundendienst-Mitarbeiter besser arbeiten.*
>
> *Mitarbeiter werden erst dann besser, wenn ihre Abteilungsleiter besser arbeiten.*
>
> *Alles in Deinem Leben wird besser, wenn Du besser wirst.*
>
> *Nichts in Deinem Leben wird jemals besser, solange Du nicht besser wirst.*

Sehen Sie, wie einfach alles ist?

Larrys Tipps:

So halten Sie alles einfach

››› Sobald sich eine Sache kompliziert anfühlt, unterbrechen Sie Ihre Arbeit und prüfen Sie nach. Es muss einen einfacheren Weg geben – finden Sie ihn.

››› Hören Sie auf, Leuten zuzuhören, die die Dinge kompliziert darstellen wollen.

››› Handeln Sie. Setzen Sie einfache Ideen rasch um.

››› Es gibt keine „Erfolgsgeheimnisse".

››› Werden Sie besser, dann wird auch alles um Sie herum besser.

››› Was Sie im Leben erfolgreich macht, funktioniert auch im Berufsleben.

KAPITEL 3

Niemand schuldet Ihnen den Lebensunterhalt

„Hör auf zu behaupten, jemand müsse für Deinen Lebensunterhalt aufkommen; die Welt schuldet Dir gar nichts; sie war schon vor Dir da."

Mark Twain

Vermutlich war auch die Firma, in der Sie gerade arbeiten, schon vor Ihnen da. Wahrscheinlich ging es ihr nicht schlecht, bevor Sie kamen, und es wird ihr weiterhin nicht schlecht gehen, auch wenn Sie nicht mehr da sind. Das heißt, sie schuldet Ihnen nicht viel.

Ich hatte einmal eine Empfangsdame, die darauf bestand, während ihrer Arbeitszeit auch ihre persönlichen Angelegenheiten am Schreibtisch zu erledigen: Angelegenheiten wie ihre persönliche Buchhaltung, Fingernägel-Lackieren, Telefonate mit Freundinnen. Sie ließ sich sogar während der Geschäftszeit von ihren Freundinnen besuchen. Als ich sie auf das Problem ansprach, sagte sie, es sei ihr Schreibtisch und ihre Sache, nicht meine, was sie an ihrem Schreibtisch mache. Problem gelöst – dreißig Sekunden später war es nicht mehr ihr Schreibtisch.

Viele Angestellte haben ein überzogenes Anspruchsdenken, was ihren Job, ihre Arbeitszeit und ihre Firma angeht. Viele sind so abhängig geworden von ihrer Firma, von der Gesellschaft und anderen Menschen, dass sie tatsächlich meinen, sie hätten einen Anspruch darauf, dass man ihnen ihren Lebensunterhalt bezahlt. Sie denken allen Ernstes, die Firma sei für sie da, anstatt dass sie, wie es sein sollte, für ihre Firma da zu sein haben. Sie denken, ihr Arbeitgeber müsse sich um jede Kleinigkeit in ihrem Leben selbst kümmern. Kleiner Schnitt in den Finger? Gleich zum Betriebsarzt gehen. Jemand hat mit Ihnen geflirtet? Gleich eine Beschwerde wegen sexueller Belästigung am Arbeitsplatz schreiben. Und wenn der Arbeitgeber diese falschen Ansprüche seiner Angestellten nicht erfüllt, dann reicht man eben eine Klage gegen ihn ein.

Das alles nervt mich tierisch. Ihre Firma schuldet Ihnen eine sichere Arbeitsumgebung. Und das war's auch schon. Solange Ihnen nicht plötzlich etwas auf den Kopf fällt, hat das Unternehmen damit sein Soll erfüllt. Sie schuldet Ihnen keine Umgebung, in der Sie vor dummen Leuten sicher sind. Dumme Leute gibt es überall, ich hasse das auch, aber es ist so, man kann nicht gegen jeden gleich prozessieren. Wenn das möglich wäre, könnte man so ziemlich alle Berufstätigen einsperren. Ihre Vorgesetzten, Ihre Arbeitskollegen und Kunden werden immer mal blöde Dinge zu Ihnen sagen, Sie anmachen, Ihre Gefühle verletzen. Man wird Ihnen auf die Zehen treten. Es passiert Ihnen auf der Straße und zu Hause, und Sie können nichts dagegen machen. Es passiert auch bei der Arbeit. Man nennt das Leben.

Unternehmen kümmern sich nicht um Ihre Gefühle. Das wäre auch zu viel verlangt. Sie sollten sich um Ihre Rechte kümmern, das ja. Aber sie haben nicht die Zeit, das Geld und das Interesse, dafür zu sorgen, dass Sie sich wohl fühlen. Wenn Sie im Job glücklich sind, ist das ein Glücksfall. Wenn Sie nicht glücklich sind, ist es Ihre Schuld und nicht die der Firma. Sie bekommen schließlich Geld für Ihre Leistung. Seien Sie darüber froh und halten Sie ansonsten den Mund.

Die Firma ist nicht dazu da, Sie glücklich zu machen. Sie ist dazu da, Gewinne zu machen, damit sie Sie bezahlen kann, damit Sie die Kunden gut bedienen, damit die Kunden zufrieden sind und wieder kommen und Sie weiterhin Ihr Gehalt kriegen. So und nicht anders funktioniert der Kreislauf, der das Geschäft am Laufen hält. Tun Sie Ihr Bestes, um diesen Kreislauf zu fördern und schmeißen Sie nicht durch Ihr dauerndes Gemecker Sand ins Getriebe.

Außer einer sicheren Arbeitsumgebung schuldet Ihnen die Firma angemessenen Lohn für ordentliche Arbeit. Aber wenn Sie keine ordentliche Tagesleistung abliefern, schuldet sie Ihnen auch nicht den ganzen vereinbarten Lohn. Klingt irgendwie vernünftig, nicht wahr? Warum kapieren es dann nur so wenige?

Abgemacht ist abgemacht

Ich glaube an den Spruch: „Abgemacht ist abgemacht". Als Sie und Ihr Arbeitgeber entschieden haben, zusammen zu arbeiten, haben Sie miteinander einen Vertrag geschlossen. Sie haben sich dazu verpflichtet, auf Verlangen anwesend zu sein und das zu tun, wofür man Sie bezahlt. Im Gegenzug erhalten Sie dafür einen Geldbetrag, dem Sie zugestimmt haben. Beide Parteien haben miteinander alles Notwendige vereinbart und einen Vertrag geschlossen. Das war wahrscheinlich so ziemlich alles, was vereinbart wurde. Natürlich gab es da noch Details und den notwendigen Papierkram – aber ich bin mir ziemlich sicher, dass in Ihrem Vertrag nichts davon steht, dass Sie für immer glücklich werden. Es steht auch nichts davon drin, dass Ihre Kolleginnen und Kollegen alle Engel sind, die Sie lieben und anbeten. Es steht auch nichts davon drin, dass Sie nicht gelegentlich müde, wütend, traurig oder beleidigt sein werden. Sie haben nur eine Vereinbarung über Arbeitsleistung und Bezahlung geschlossen – nicht mehr und nicht weniger. Sie leisten die Arbeit, dafür gibt Ihnen die Firma Geld.

Die Arbeitsmoral unserer Eltern – was ist aus ihr geworden?

Was ist nur aus der Arbeitsmoral unserer Eltern geworden? Sie haben gearbeitet, weil es Arbeit für sie gab und weil sie ihre Verpflichtungen und Verbindlichkeiten ernst nahmen. Sie waren dazu erzogen worden, zu glauben, dass Versprechen einen zu etwas verpflichten und dass man, wenn man sich zur Arbeit verpflichtet hat, auch arbeitet – ohne Wenn und Aber. Wenn jemand ihre Gefühle verletzte – das konnte vorkommen, das gehörte eben zum Job. Wenn jemand sie wütend machte – auch das gehörte nun mal dazu. Wenn jemand ihnen wehtat oder sie verletzte – auch das kam vor. Wenn Sie mit Idioten zusammenarbeiten müssen, dann ist es halt so. Wenn Ihr Chef ein Armleuchter ist, gewöhnen Sie sich daran – er ist nun mal Ihr Chef.

Mein Vater hat 47 Jahre lang für Sears gearbeitet. Er fing im Alter von 17 Jahren an und wurde zwei Jahre lang frei gestellt, um im Zweiten Weltkrieg zu kämpfen. Auch wenn er krank war, blieb er kaum jemals zu Hause. Nicht, dass er immer gern zur Arbeit ging. Er musste tagtäglich mit, für und unter Idioten arbeiten. Aber er hat sich fast nie darüber beklagt. Er hat jeden Tag hart gearbeitet, kam abends todmüde heim. Über zwanzig Jahre lang war er für ein Kaufhaus tätig, dann fiel eines Tages eine Waschmaschine auf ihn herunter, und er wurde in den Innendienst versetzt, wo er Sportartikel verkaufte. Übrigens: Er verklagte niemanden, als er sich bei der Arbeit verletzte. Er ging ins Krankenhaus, und kaum ging es ihm wieder besser, ging er wieder arbeiten. Er war nicht verbittert; er sagte sich, so was kann passieren. 47 Jahre in einer Firma. Das sind über 17.000

Arbeitstage, an denen er täglich erschien. Und ich garantiere Ihnen, dass er nicht an einem dieser Tage morgens darüber nachgedacht hat, ob er heute wohl einen angenehmen Tag haben würde. Er hat nicht einmal darüber nachgedacht, ob er auch motiviert ist, ob er seine Arbeitseinstellung ändern oder mehr Rechte verlangen sollte.

Er dachte nur daran, den Job, für den man ihn bezahlte, möglichst gut zu machen. Warum? Er hatte Verpflichtungen. Er hatte eine Familie zu versorgen und Rechnungen zu bezahlen. Außerdem hatte er einen Vertrag mit Sears geschlossen, als er 17 Jahre alt war: Ihr bezahlt mich, und ich arbeite für Euch. Punkt. Keinen komplizierten Vertrag, sondern einen, an den er glaubte. Er war persönlich integer und hatte sich dazu verpflichtet. Er war stolz auf seinen Job. In den Augen vieler anderer war es nur ein mieser, untergeordneter Job. Heutzutage bekommt jeder Idiot so einen Job. Sie glauben mir nicht? Gehen Sie doch in irgendeins der größeren Kaufhäuser und sehen Sie selbst, ob ich recht habe. Aber mein Dad hat diesen Job ernst genommen. Er war pünktlich, arbeitete hart, solange er da war, bot einen guten Service, weil das für ihn dazu gehörte und tat, was man von ihm verlangte. Warum? Weil es nun einmal so ist, ob es einem gefällt oder nicht: Abgemacht ist abgemacht. Ein Vertrag ist ein Vertrag. Sie bezahlten ihn, er arbeitete für sie.

Jetzt sagen Sie vielleicht: „Na ja, früher, Larry, da war das eben noch so! Das ist lange her! Wir haben uns weiterentwickelt."

Sie haben recht; wir haben uns seither weiterentwickelt. Aber in manchen Dingen, scheint mir, haben wir uns schon zu weit entwickelt. Ich bin immer dafür, für die Menschenrechte einzutreten. Aber zum Donnerwetter, sind wir bei den Rechten der Angestellten nicht ein bisschen zu weit gegangen? Hat die Firma denn keine Rechte mehr?

Warum soll die Firma darunter leiden, wenn es Ihnen persönlich heute nicht gut geht? Warum muss ich mir Gedanken machen, nur weil Sie einen schlechten Tag haben? Die Arbeit ist da, ob Sie nun

gut drauf sind oder nicht. Die Kunden wollen bedient werden. Die
Container müssen verladen werden. Der Fotokopierer muss repariert
werden. Anfragen müssen am Telefon beantwortet werden. Und
wenn Sie dafür bezahlt werden, dass Sie das tun, dass erwarte ich
auch, dass Sie es tun. Als Ihr Arbeitgeber muss ich mich nicht mit
Ihrer Zufriedenheit oder Ihrer Motivation herumschlagen. Außerdem habe ich schließlich auch meine Sorgen. Ich bin ein Mensch mit
denselben Problemen, die Sie haben. Aber ich soll mich zusätzlich
noch darum kümmern, dass die Arbeit erledigt wird, damit die Firma
genug Geld bekommt, um Ihr Gehalt zahlen zu können.

Und was ist mit Ihnen?

Warum haben Sie aufgehört zu arbeiten? Halt, sagen Sie jetzt
nicht … Ich will nichts hören. Es ist mir egal. Es kann mir auch egal
sein. Auch Ihrem Boss kann es egal sein. Solange er Ihnen jede Woche Ihren Lohn bezahlt, schulden Sie ihm dafür die Arbeitsleistung,
die Sie mit ihm im Arbeitsvertrag vereinbart haben.

Denken Sie immer daran, dass Sie ein Kostenfaktor für Ihre Firma
sind, und wenn Sie Ihrer Firma nicht mehr Wertschöpfung einbringen, als Sie sie kosten, dann kann Ihr Betrieb sich Sie ganz einfach
nicht leisten. Dann werden Sie zu kostspielig. Irgendwann sucht und
findet Ihre Firma jemand anderen, der den Vertrag besser erfüllt als
Sie – jemanden, der mehr Wert schafft, als er kostet.

Stellen Sie sich mal eine Minute lang vor, ich wäre Ihr Boss. Dann
würde ich Ihnen klar meine Meinung sagen, und die lautet: Machen
Sie Ihren verdammten Job. Und beklagen Sie sich nicht. Wenn Sie
das nicht tun wollen, dann wundern Sie sich nicht, wenn ich Sie eines
Tages entlasse und vor die Tür setze.

Ist das fair? Ja, das ist es. Es ist fair meinen Kunden gegenüber. Es
ist fair Ihren Kolleginnen und Kollegen gegenüber, die für Sie mit-

schuften müssen, wenn Sie zu faul sind. Es ist auch mir selbst gegenüber fair, denn ich bin es, der Sie bezahlt. Es ist sogar Ihnen gegenüber fair, denn ich gebe Ihnen das, was Sie bei Ihrem mangelnden Eifer verdienen. Wenn Sie mein Boss wären, würde ich von Ihnen nichts anderes erwarten.

Haben Sie's endlich kapiert? Ohne Arbeit – kein Geld. Ohne Leistung – kein Job.

> *„Wir sind an einem Punkt angelangt, wo jeder nur*
> *noch Rechte hat und keiner mehr Pflichten."*
> *Newton Minow, ehemaliger Vorsitzender der*
> *Federal Communications Commission*

Larrys Tipps:
So verdienen Sie sich Ihren Lebensunterhalt

››› Denken Sie daran: Niemand schuldet Ihnen Ihren Lebensunterhalt.

››› Abgemacht ist abgemacht. Vergessen Sie das nie. Und leben Sie danach.

››› Erinnern Sie sich an die Arbeitsmoral unserer Eltern und Großeltern. Sie haben gearbeitet, weil sie Arbeit hatten und ihre Pflichten und Verbindlichkeiten ernst nahmen.

››› Schaffen Sie mehr Wertschöpfung, als Sie den Betrieb kosten.

››› Firmen sind dazu da, Gewinne zu machen; für Ihr persönliches Glück sind sie nicht zuständig.

››› Übernehmen Sie selbst die Verantwortung für Ihre persönlichen Probleme.

KAPITEL 4

Ergebnisse sind alles!

Wofür werden Sie bezahlt?

„Ist doch ganz einfach, Larry – dafür, dass ich hart arbeite!"

Seltsam, wie viele Menschen so antworten. Vielleicht denken auch Sie, dass es das ist, worüber ich in diesem Buch bisher geschrieben habe – harte Arbeit. Dann muss ich Ihnen sagen: Sorry, das war wohl ein Missverständnis.

Ich mag Menschen, die hart arbeiten. Ich mag harte Arbeit. Aber Sie werden nicht dafür bezahlt, hart zu arbeiten. Eigentlich werden Sie gar nicht dafür bezahlt, dass Sie sich anstrengen. Sie werden für Ergebnisse bezahlt. Es zählt nicht, was Sie tun, sondern was Sie damit erreichen. Erinnern Sie sich noch an die „Zu erledigen"-Liste, von der ich weiter oben gesprochen habe? Ich hatte Sie gewarnt, dass die Liste hier immer wieder mal vorkommt.

Manche Menschen sind fähig, mit sehr wenig Mühe viel zu erreichen. Sie tun sich leicht, etwas zu verkaufen. Sie sind beliebt bei den Kunden. Sie lösen auftauchende Probleme spielerisch einfach. Andere Menschen müssen sehr hart und sehr lange arbeiten, um dasselbe zu erreichen.

Wenn ich Ihr Chef bin und sehe, dass Sie nur mit größter Anstrengung das erreichen, was Ihre Kollegen ohne große Mühe schaffen, dann wundern Sie sich nicht, wenn Ihre harte Arbeit mich nicht sehr beeindruckt.

Und wenn Sie einer von denen sind, die für ihre Ergebnisse hart arbeiten müssen, sollten Sie sich besser nicht darüber beklagen, dass Ihre Kollegen bei gleichem Erfolg weniger hart arbeiten müssen. Als Ihr Chef wäre ich da nicht auf Ihrer Seite. Warum? Weil ich Sie nicht für Ihren Einsatz bezahle, sondern für Ihre Leistung.

Ergebnisse sind alles, was zählt

Wir legen oft auf alles Mögliche Wert. Aber was wirklich zählt, sind Ergebnisse. Arbeitgeber fragen nicht nach dem Wie, sondern nach dem Wie viel. Alles andere ist Quatsch. Was meine ich mit Ergebnissen? Im privaten Bereich sind das Ihr Haus, Ihr Auto, Ihre Kleidung, Ihre Frau oder Freundin, Job, Freunde, Glück und Gesundheit – all das, was Sie besitzen oder erleben. Im beruflichen Bereich sind das Ihr Büro, Ihre Profite, Ihr Geschäftswert, Ihr Dienst an anderen und an der Gemeinschaft sowie die Ihnen unterstellten Mitarbeiter – alles, was Ihre Firma besitzt oder erlebt, macht ihre Ergebnisse aus.

Lügen Sie sich nicht in die Tasche, was Ihre Ergebnisse angeht. Es ist egal, was Ihre Firmen-Broschüre, der Slogan oder die Zielvorgabe Ihrer Firma sagt. Was zählt, sind die Ergebnisse, die diese Mittel hervorbringen.

Ergebnisse sind alles. Sie lügen nie.

Warum sind die Ergebnisse oft so schlecht?

Der wichtigste Grund dafür, dass Ergebnisse oft so schlecht sind, lautet: GLEICHGÜLTIGKEIT.

Es interessiert die Leute einfach nicht genug. Den Angestellten ist es egal, ob sie ihren Job gut machen oder nicht. Den Chefs scheint es auch ziemlich egal zu sein. Und um die Kunden kümmert sich anscheinend auch niemand so richtig. Interessanterweise nennen die meisten Studien als wichtigsten Grund für nachlassendes Kundeninteresse an einer Firma die Tatsache, dass der Kunde das Gefühl hat, man kümmere sich nicht um ihn. Auch die Kunden selbst sind oft zu gleichgültig, sich zu beklagen, wenn sie keinen guten Service bekommen, weil sie glauben, keiner würde sich darum scheren und nichts sich wirklich ändern, wenn sie sich beschweren. Den Angestellten ist es mitunter deswegen egal, weil sie oft nicht verstehen, worum sie sich kümmern sollten. Wir haben schon den Punkt erreicht, wo Gleichgültigkeit zur gängigen Geschäftspraxis geworden ist. Sie glauben mir nicht? Ist mir auch egal!

Wenn heute ein Angestellter gefeuert wird, weil ihm alles gleichgültig ist, gibt es ein paar Straßen weiter den nächsten Job für ihn und einen anderen armen Trottel, der ihn gerne einstellt. Wie das kommt? Nun, ganz einfach. Wenn der neue Arbeitgeber den alten anruft und ihn nach Referenzen über den Angestellten fragt, darf der, rein rechtlich gesehen, nichts Schlechtes über seinen Ex-Mitarbeiter sagen. Auf diese Weise können faule Mitarbeiter leicht von einem Job zum nächsten hüpfen, und die Arbeitgeber haben keinerlei Sicherheit, dass sie nur gute Leute einstellen. Klingt das für Sie vernünftig? Für mich nicht. Ich könnte an dieser Stelle richtig loslegen, aber das spare ich mir für später auf.

Ein Grund für die Gleichgültigkeit der Leute ist, dass man ihnen nicht erklärt hat, warum etwas wichtig ist. Niemand hat ihnen jemals erklärt, dass es wichtig ist, seine Kunden gut zu behandeln, seinen Arbeitsplatz sauber zu halten, dass all das und gepflegtes Aussehen, Höflichkeit und kollegiales Verhalten am Arbeitsplatz zusammen genommen entscheidend für die Profitabilität einer Firma ist.

Sie verstehen nicht, dass eine gewinnbringende Firma größere Aussichten hat, im Wettbewerb zu bestehen, was wiederum bedeutet, dass die Angestellten die Leistungen, die sie gewohnt sind, auch weiterhin bekommen. Die meisten Angestellten wissen nicht, dass ihre Firma nicht nur 40.000 Dollar Gehalt für sie aufbringen muss, sondern zusätzlich etwa 40 Prozent Arbeitgeberanteil und andere Kosten. Dabei sollten sie das ruhig wissen. Dann verstehen sie besser, wie die Preise festgesetzt werden, welche Bedeutung Service und Verkauf haben und was ihre Firma wirklich für Kosten hat.

Wenn Sie Eigentümer oder Manager einer Firma sind, fragen Sie sich bitte: Wofür bezahle ich meine Mitarbeiter? Die Antwort muss lauten: Ergebnisse. Nicht Zeit. Nicht Einstellung. Nicht Enthusiasmus. Nur Ergebnisse.

Mein Geschäftsführer, Vic Osteen, ist das perfekte Beispiel für all das. Er steuert alles. Nicht ich bin es, der die Firma am Laufen hält, sondern er. Ich habe die Ideen, aber Vic sorgt dafür, dass sie in die Wirklichkeit umgesetzt werden. Er kontaktiert die Kunden, überwacht die übrigen Mitarbeiter, arbeitet mit der Agentur zusammen, die mich vertritt, verhandelt mit sämtlichen Lieferanten und trifft die meisten geschäftlichen Entscheidungen des Tagesgeschäfts der Firma selbst. Ich vertraue ihm voll und ganz. Ich habe ihn bevollmächtigt, alles dafür zu tun, dass meine Kunden zufrieden sind, dass jeder Mitarbeiter meiner Firma Geld einbringt und ich genug zu tun habe.

Die Firma gehört mir, wird aber von Vic geleitet. Ich arbeite ihm zu.

Ich habe keine Ahnung, wie viel Vic arbeitet. Ich weiß nur, dass er sich auch viel Freizeit gönnt. Er macht Kanu- und Fahrradtrips, läuft Marathon, ruht sich aus – manchmal hat es den Anschein, er wäre mehr weg als im Büro. Wissen Sie was? Es ist mir egal. Ich merke es, aber es ist mir egal. Warum? Weil er seine Arbeit, für die ich ihn bezahle, immer pünktlich erledigt, ohne Ausnahme. Es interessiert mich nicht, wie viele Stunden er dafür benötigt. Ob es achtzig Stunden sind oder acht Stunden, es ist mir egal. Wichtig ist nur, dass es erledigt wird. Wenn er es in acht Stunden schafft, schön für ihn. Wenn er es in zwei Stunden schafft, noch besser für ihn. Selbst wenn er achtzig Stunden braucht, um es zu schaffen, geht mich das nichts an. Dann muss er eben härter oder cleverer arbeiten. Es interessiert mich auch nicht, ob Vics Arbeitseinstellung gut ist oder ob er einen schlechten Tag hat oder sich nicht so gut fühlt. Er würde mir leid tun, und ich wünsche ihm wirklich nur das Beste, aber ich bezahle ihn nicht dafür, glücklich zu sein, sondern dafür, dass er seine Arbeit macht. Und er enttäuscht mich nie – die Arbeit wird immer erledigt. Und nichts anderes zählt für mich. Wir haben eine Vereinbarung, die wir beide verstehen und erfüllen.

Die Leute, die in meine Firma kommen, erzählen mir immer, sie hätten auch so gern jemanden wie Vic. Ich sage ihnen dann, sie würden mit einem Angestellten wie Vic wahrscheinlich gar nicht zurechtkommen. Erstens würden sie ihrem Vic nicht das Vertrauen schenken, dass er die Firma wirklich selbst führen darf. Viele Menschen sind zu ängstlich und zu bevormundend; sie können nicht delegieren und meinen, sie müssten bei jeder geschäftlichen Angelegenheit persönlich gefragt werden. Zweitens würden sie ihn bestimmt nicht gut genug bezahlen. Viele wollen tolle Angestellte haben, bezahlen denen aber nur so wenig, dass sie gerade noch davon leben können und bringen ihnen dementsprechend nicht genug Vertrauen entgegen, dass sie ihre Arbeit auch ordentlich machen. Mit der Philosophie bekommt man wohl keine hervorragenden Leute!

Vielleicht sagen Sie jetzt: „Nicht jeder arbeitet in einem kleinen Büro wie Ihrem, Larry. Unsere Firma ist groß, und da ist es wichtig, dass die Leute auch immer da sind. Die Idee ist nicht schlecht, aber sie funktioniert nicht bei jedem." Ein gutes Argument. Sie haben absolut recht. Sehen Sie ab von den Einzelheiten in meinem Beispiel und sehen Sie sich die dahinter liegenden Prinzipien an: *Belohnen*

Sie Ergebnisse. Ermächtigen Sie Leute, selbst zu Ergebnissen zu kommen. Freuen Sie sich über Ergebnisse. Beurteilen Sie nur Ergebnisse. Die Ergebnisse sind alles. Das ist die wichtigste Botschaft für alle, die arbeiten und alle, die die Arbeit anderer managen: Arbeit muss zum gewünschten Ergebnis führen.

Und was ist mit Ihnen?

Sind Sie ein Angestellter, der glaubt, er müsse nur recht fleißig wirken, dann kommt der Erfolg von allein? Oder sind Sie einer dieser doofen Manager, die fleißig wirkende Angestellte belohnen? Halt – habe ich eben gesagt, dass ein Manager, der fleißige Leute mag, doof ist? Ja, das habe ich. Wenn Sie lieber auf fleißige Leute achten als auf produktive, sind Sie dumm. Manche Leute sehen so ungeheuer fleißig aus, dass man meint, sie bewegen eine Menge. Seien Sie vorsichtig. Achten Sie auf die Ergebnisse.

Denken Sie daran: Sie werden für Ihre Ergebnisse bezahlt, und Sie selbst bezahlen andere auch nur für ihre Ergebnisse. Ergebnisse belegen, wie produktiv eine Person ist und haben wenig damit zu tun, wie fleißig jemand ist.

Es gibt nichts Traurigeres, als herauszufinden, dass ein Angestellter etwas hervorragend gemacht hat, das gar nicht gemacht werden muss.

> *„Verwechseln Sie Aktivität nicht mit Leistung.“*
> *John Wooden,*
> *ein berühmter UCLA-Basketball-Trainer*

> *„Ein untätiger Mensch bewegt nichts – ein stets aktiver Mensch nicht viel mehr.“*
> *Sir William Heneage Ogilvie*

Bezahlen Sie Ihre Leute gut!

Geben Sie ihnen gutes Geld für ordentliche Leistung. Denken Sie daran: Wer andere arm hält, wird selbst nicht reich. Teilen Sie mit anderen!

Es ist für mich verblüffend, wie sehr manche Firmen damit angeben, wie billig sie seien. Haben Sie schon mal hervorragende Leistungen von einem Billiganbieter bekommen? Wohl nur selten. In der Regel bekommt man das, was man bezahlt. Bezahlen Sie so viel Sie können, und lieber noch ein bisschen mehr. Denn wenn bekannt wird, dass Sie gut zahlen, dann bekommen Sie auch bessere Angestellte. Und bessere Angestellte sind solche, die nicht ständig wegen ein paar Dollar mehr nach einer neuen Stelle schielen. Leute, die gut bezahlt werden, sind loyaler.

Geld und Service hängen zusammen

Guter Service ist der Schlüssel zum geschäftlichen Erfolg – in jedem Bereich. Je besser Sie Ihrem Kunden dienen, umso besser wird Ihr Kunde Ihnen dienen. Kundendienst ist der Schlüssel zum Verkauf. Wenn Sie Ihren Kunden ein Produkt verkaufen, das ihnen das Leben leichter, praktischer oder unterhaltsamer macht, haben Sie sie gut bedient. Personalführung bedeutet, den Leuten, die für Sie arbeiten, gut zu dienen. Jeder Bereich des Geschäftslebens definiert sich durch die Qualität der Dienste, die er leistet. Je besser Ihr Kundendienst mit der Zeit wird, umso wertvoller werden auch Sie für Ihren Betrieb. Je wertvoller Sie werden, desto besser werden Sie bezahlt.

Leute, die pro Stunde nur 6 Dollar verdienen, schaffen in einer Stunde nur einen Wert von 6 Dollar. Die Frage: „Wollen Sie Ihre Pommes mit Majo oder Ketchup?" ist eben nicht sehr anspruchsvoll. Andere, die 25.000 Dollar pro Stunde verdienen, erhalten dieses

Geld, weil sie in nur einer Arbeitsstunde einen Service leisten, der 25.000 Dollar wert ist. Also müssen sie wohl ziemlich gut sein.

Nicht die Arbeitszeit macht den Unterschied; beide haben sechzig Minuten lang gearbeitet. Der Unterschied liegt in dem Service begründet, den sie in dieser Zeit bieten. Also liegt der Schlüssel darin, mehr Service pro Arbeitsstunde zu bieten. Aber zu viele Leute stecken ihre Energie in das Falsche, nämlich in die Frage, ob man nicht mehr Arbeitszeit in den Service investieren sollte.

Was viele nicht mehr wissen: Sie haben einen Boss

Jeder von uns hat einen Boss. Egal, wie groß oder klein die Firma ist, jeder muss sich vor irgendjemandem verantworten. Selbst der höchste Chef hat einen Boss, nämlich die Aktionäre. Jeder arbeitet für jemand anderen. Auch wenn Sie der einzige Besitzer Ihrer Firma sind, haben Sie einen Boss. Es gibt keine hundertprozentige „Selbstständigkeit".

Ihr Boss hat das Recht, Ihre Aktivitäten zu bestimmen. Deswegen ist sie beziehungsweise er der Boss. Er sagt Ihnen, was Sie zu tun haben, wann Sie zur Arbeit kommen sollen und wann Sie heimgehen können. Er sagt Ihnen, was Sie arbeiten sollen, wann Sie Pause machen dürfen, mit wem Sie zusammenarbeiten sollen und wann Sie in Urlaub fahren dürfen. Der Boss entscheidet, was Sie tun, wann Sie es tun und für wie viel Geld Sie es tun. Wenn Sie Ihren Job nicht so machen, wie der Boss es haben will, hat der Boss das Recht, Sie darauf hinzuweisen und sich darüber zu beschweren. Das ist sein Job. Wenn er selbst seinen Job nicht richtig macht, wird sein Boss ihn darauf hinweisen, und er wird die Konsequenzen zu tragen haben. Klar?

Der höchste Chef jedoch ist der Kunde. Wir alle haben Kunden, auch wenn wir sie anders nennen. Die Anwälte nennen sie ihre Mandanten, die Ärzte ihre Patienten, die Autoren ihre Leser, die Redner ihr Publikum. Die meisten Firmen nennen sie einfach ihre Kunden. Es ist egal, wie man sie nennt; jedenfalls müssen wir alle verstehen, dass unsere Kunden der wahre Boss sind. Die Kunden haben das Geld, und unsere Aufgabe ist es, unseren Dienst an den Kunden so gut zu machen, dass sie uns und unserer Firma von seinem Geld abgeben. Die Kunden entscheiden, ob wir wirtschaftlich überleben können und wie viel Geld wir verdienen dürfen. Der Kunde sagt Ihnen, wann Sie zur Arbeit kommen und wann Sie nach Hause gehen können. Und wenn Sie Ihren Job nicht richtig machen, haben die Kunden das Recht, Sie darauf hinzuweisen und sich zu beschweren. Die Kunden sind der oberste Boss, und sie sind im Geschäftsleben wichtiger als jeder andere.

Ich hätte noch viel über guten Kundendienst zu sagen und werde das später in diesem Buch auch noch tun. Aber vorläufig genügt es mir, dass Sie verstehen, dass Ihr Boss Rechte hat. Sie arbeiten für einen Boss – wahrscheinlich für mehrere – und werden für Ihre Ergebnisse bezahlt. So einfach ist das.

Ein persönliches Wort dazu

Wir leben nicht in einer perfekten Welt. Wäre das so, wäre unser Dienstalter nicht entscheidend, es gäbe keine Gewerkschaften und jeder würde eingestellt, gefeuert, bezahlt und befördert, wie er es aufgrund seiner Leistung verdient. Derjenige, der am meisten zum Gewinn der Firma beiträgt, die Leute respektvoll behandelt, gewissenhaft und besonnen arbeitet und die Kunden am besten bedient, würde am besten bezahlt.

Aber so weit sind wir leider nicht ... zumindest noch nicht. Das wird erst dann möglich sein, wenn wir den Einfluss der Regierung und der Gewerkschaften aus unseren Firmen fernhalten können.

Erst dann, wenn die Firmen Rückgrat zeigen und ihre Abteilungslei-ter, Chefs und Mitarbeiter das Richtige tun, ohne aus Angst vor ir-gendwelchen Prozessen oder Verfahren einzuknicken. Erst dann, wenn die Kunden so selbstbewusst sind, guten Service zu verlangen und sich nicht mit schlechtem zu begnügen. Erst dann, wenn die Hersteller nur noch Produkte fertigen, hinter denen sie auch voll und ganz stehen. Erst dann, wenn die Firmen aufhören, überall nur nach Schlupflöchern für ihre Garantien und Gewährleistungsfristen zu suchen und stattdessen nach Wegen suchen, mehr als nur den minimalen Service zu bieten. Bis es soweit ist, können wir nur mit dem, was wir haben, das Bestmögliche tun.

Uff! Jetzt fühle ich mich erleichtert.

Larrys Tipps:
So kommen Sie zu Ergebnissen

››› Konzentrieren Sie sich auf Ergebnisse. Ergebnisse sind alles. Sie lügen nie.

››› Erklären Sie Ihren Angestellten die Zusammenhänge, damit sie wissen, warum sie arbeiten.

››› Ein Ergebnis ist alles, was Sie besitzen oder erleben.

››› Investieren Sie mehr Service in die Arbeitsstunde, nicht mehr Ar-beitsstunden in den Service.

››› Die Hauptursache dafür, dass Ergebnisse nicht so sind, wie sie sein sollten, ist Gleichgültigkeit.

››› Gut bezahlte Angestellte sind in der Regel loyale Angestellte.

››› Sie werden nicht für Fleiß und Mühe bezahlt, sondern für Ergeb-nisse.

KAPITEL 5

„Ihre Ergebnisse sind allein Ihre Schuld!"

Das tut weh, nicht wahr? Ich habe Ihnen gerade gesagt, dass an Ihren Ergebnissen nur Sie schuld sind, sonst niemand. Also lassen Sie die Ausreden. Es nicht die Schuld Ihres dummen Chefs, auch nicht die Ihrer dämlichen Kollegen. Hören Sie damit auf, Ihre Partnerin, Ihren Schwager, Ihre Kinder, Ihren Lehrer in der ersten Klasse dafür verantwortlich zu machen, oder die Tatsache, dass Sie nicht gut schlafen, dass Sie älter werden oder Haarausfall haben. Flucht ins Handeln, zu den Gewerkschaften, eine andere Zeitgestaltung oder Geschäftspolitik helfen da ebenfalls nicht. Nichts davon wird funktionieren. Das Einzige, was Sie wissen und akzeptieren müssen, ist: Für Ihre Ergebnisse sind allein Sie verantwortlich, und niemand sonst. Wie viel Geld Sie haben, wie glücklich Sie sind, wie gut Ihre Beziehungen zu anderen Menschen sind, wo Sie wohnen und welches Auto Sie fahren – für all das sind allein Sie verantwortlich.

Sie sind anderer Meinung? Es ist egal, was Sie meinen. Ich habe die Regeln nicht gemacht. Ich musste auch erst lernen, mich danach zu richten. Ihr Leben liegt in Ihrer Hand. Sie haben es bisher gestaltet. Sie haben daraus das gemacht, was es ist. Ihre Gedanken, Ihre Worte und Handlungen haben es so gemacht. Es ist Ihre Schuld. Bekennen Sie sich dazu.

> *Wenn Ihr Leben verkorkst ist, dann liegt es daran, dass SIE verkorkst sind.*

Zu streng? Das ist Ihr Problem. Dies ist kein Händchenhalte-Buch. Ich sehe meine Aufgabe nicht darin, mich bei Ihnen einzuschmeicheln. Wenn Sie das wollen, dann lesen Sie lieber einen dieser netten Erfolgsratgeber mit den kleinen Gleichnissen drin.

Lassen Sie mich meine Philosophie der persönlichen Verantwortung auf die Geschäftsebene übertragen:

> *Wenn Ihre Geschäfte mies gehen, dann liegt es daran, dass Sie ein mieser Geschäftsmann sind.*

> *Wenn Ihre Verkaufszahlen im Keller sind, dann liegt es daran, dass Sie als Verkäufer im Keller sind.*

> *Wenn Ihre Angestellten schlecht sind, dann liegt es daran, dass Sie als Manager schlecht sind.*

> *Wenn Ihr Kundendienst miserabel ist, dann liegt es daran, dass Sie Ihren Kunden einen miserablen Dienst bieten!*

Vielleicht konnten Sie über diese Aussagen schmunzeln. Ich hoffe es für Sie. Wenn nicht, ist Ihnen das eine oder andere vielleicht unter die Haut gegangen, weil etwas Wahres daran ist.

Sie würden wohl am liebsten aufschreien: „Boah, das ist nicht fair!"

Wie kommen Sie auf die Idee, zu denken, das Leben müsse fair sein? Das ist es nicht. Aber hier geht es nicht um fair oder unfair, hier geht es um die Wahrheit. Wenn jemand Blödsinn macht, bekommt er ein blödes Ergebnis. Wenn jemand etwas Intelligentes tut, wird das Ergebnis das reflektieren. Wenn eine Firma etwas Dummes macht, erhält sie dumme Ergebnisse. Wenn eine Firma sich etwas Schlaues ausdenkt, wird das Ergebnis in der Regel entsprechend ausfallen.

Außerdem ist das Gute daran: Es ist leicht zu ändern. Es bedarf harter Arbeit, aber ich verspreche Ihnen, es wird nicht besonders kompliziert. Ich gebe Ihnen klare und direkte Anweisungen, wie Sie aus den Tiefen des Schlamassels wieder in die Höhen des Erfolges kommen. Wie Sie wieder mehr verkaufen, Ihr Personal besser führen, Ihren Kundendienst effektiver gestalten, Entscheidungen schneller treffen können. All das führt Sie, richtig umgesetzt, zu mehr Glück, Erfolg und Reichtum. Ich verspreche Ihnen, ich gebe Ihnen praktische, anwendbare Ideen an die Hand, die leicht umzusetzen sind und Ihnen raschen Erfolg bringen. Das ist meine Vereinbarung mit Ihnen, meine Vertragspflicht, die ich Ihnen gegenüber erfüllen möchte und werde. Aber das alles ist kein Jota wert, wenn Sie dies nicht akzeptieren: Es ist Ihre verdammte Schuld. Immer und ohne Ausnahme. Nur wenn Sie das wirklich einsehen und mir von diesem Startpunkt aus folgen wollen, haben Sie den Schlüssel zum privaten und beruflichen Erfolg.

Das ist Ihre größte Herausforderung. Wir tun alles andere lieber, als zu akzeptieren, dass wir selbst an unseren Ergebnissen schuld sind. Weder einzelne Menschen noch Geschäftsleute geben das gerne zu.

Firmen machen meistens andere dafür verantwortlich, dass es ihnen nicht gut geht. Sie beschuldigen die Regierung, die Wirtschaftslage, irgendwelche Umstellungen nach oben oder unten, die unvollkommene Technik, das dumme Management, die dummen Mitarbeiter, den internationalen Wettbewerbsdruck, die großen Konzerne wie „Wal-Mart", die Gewerkschaften, Streiks, die Gesundheits- und Sicherheitsvorschriften, die Bürgerrechte, die Steuern, das Outsourcing, das Internet, die zu hohen Preise, das Gesetz oder die Rechtsanwälte, die Zinsen, die Banken und so weiter.

Ein Klagelied durchzieht die Welt der Wirtschaft: vom kleinen Angestellten einer Fastfood-Kette, der darüber jammert, dass sein Boss von ihm verlangt, dass er sich öfter die Hände waschen soll, bis hin zum geschäftsführenden Vorsitzenden, der darüber klagt, dass hohe Steuern und Zinsen sein Geschäft kaputt machen.

Wenn Sie mit den ewigen Ausreden aufhören und sich Ihrer Verantwortung als vernünftiger Mensch stellen wollen, versuchen Sie es mal damit:

Das Spiegel-Prinzip

Die Dinge, wie sie sind, gefallen Ihnen nicht? Dann gibt es nur einen, den Sie anklagen können. Stellen Sie sich vor einen Spiegel.

Machen Sie die Übung einmal: Gehen Sie zum nächsten Spiegel. Jetzt stehen Sie schon auf, setzen Sie Ihren faulen Hintern in Bewegung, nehmen Sie dieses Buch mit und stellen Sie sich vor den nächsten Spiegel. Das Bad eignet sich sowieso dafür, sich ehrlich unter die Lupe zu nehmen, also gehen Sie schon ins Bad. Gehen Sie endlich – ich warte dort auf Sie! Jetzt schauen Sie in Ihr Spiegelbild, sehen Sie sich direkt ins Auge und sagen Sie: „Es ist alles meine Schuld. Ich habe dieses Chaos geschaffen. Ich habe es durch meine Gedanken, Worte und Taten angerichtet. Jetzt kann nur ich es wieder reparieren. Es liegt allein bei mir."

So, das war's. Jetzt waren Sie wenigstens einmal ehrlich zu sich selbst (auch wenn ich bezweifle, ob Sie wirklich in Ihrem Bad vor dem Spiegel gestanden haben).

Ein Stück Wirklichkeit, das beunruhigt

Sie mögen es so, wie es ist. Sie sind zufrieden mit Ihren Ergebnissen. Selbst wenn Ihre Ergebnisse schlecht sind – Sie sind damit zufrieden.

„Nein, bin ich nicht. Ich möchte mehr als das. Ich hasse es, nicht mein Bestes zu geben."

Von wegen. Alles Bullshit. Sie sind doch ganz zufrieden mit dem Gang der Dinge. Sonst hätten Sie doch schon längst etwas daran geändert. Sie haben das Problem nicht gelöst, Sie haben nur darüber geklagt. Wahrscheinlich ist Ihnen das Problem lieber als die Lösung, denn Sie befassen sich mehr mit dem Problem als mit den Lösungsmöglichkeiten. Und beides zugleich geht nun mal nicht.

Wenn Sie Ihre Probleme nicht wirklich anpacken, mögen Sie sie wohl doch ganz gerne. Zumindest hassen Sie sie nicht genug, um etwas gegen sie zu unternehmen.

Larrys Tipps:
So werden Sie erfolgreich

››› Hören Sie auf, über Ihre Ergebnisse zu jammern. (Es interessiert sowieso keinen.)

››› Jammern löst das Problem nicht, es verlängert es nur.

››› Sehen Sie sich Ihre Ergebnisse einmal realistisch an. Denken Sie darüber nach, was Sie getan haben beziehungsweise was Sie nicht getan haben, um zu diesen Ergebnissen zu kommen.

››› Gehen Sie zum nächsten Spiegel, schauen Sie sich tief in die Augen und sagen Sie: „Es ist alles meine Schuld." Übernehmen Sie die Verantwortung.

››› Machen Sie eine Realitätsprüfung. Geben Sie zu, dass sich vieles schon seit Langem geändert hat und Sie trotzdem überlebt haben. Sie werden auch die jetzige Situation überstehen.

››› Schreiben Sie eine Liste, auf der steht, was Sie in Zukunft ändern wollen, um Ihre Ergebnisse zu verändern.

››› Tun Sie das, was auf der Liste steht. Es wird nur dann besser, wenn Sie den Entschluss gefasst haben und dann aktiv werden. Also los!

KAPITEL 6

Sie müssen Ihren Job nicht lieben (aber es hilft)

Es ist eine Binsenweisheit des Geschäftslebens, dass Leute, die ihre Arbeit gern machen, ihre Arbeit besser machen als andere. Menschen, die ihre Arbeit nicht mögen, werden nie so gut darin sein wie die, die sie mögen. So ist das nun einmal. Leistung kommt aus der Freude an der Arbeit. Das ist eine Tatsache – zumindest scheint es so zu sein.

In meinen Vorträgen vor Firmenmitarbeitern sage ich immer: „Wenn es aufhört, Ihnen Spaß zu machen, dann hören Sie auf!" Wenn die Leute, die die Kongresse planen, sich meine DVD ansehen und sich überlegen, ob sie mich für einen Vortrag engagieren, rufen sie manchmal meinen Manager an und sagen zu ihm: „Wir haben uns dafür entschieden, Larry zu buchen, aber diesen einen Satz in seinem Vortrag sollte er lieber weglassen. Es ist die Stelle, wo er sagt: ‚Wenn es aufhört, Ihnen Spaß zu machen, dann hören Sie auf!' Denn wenn er da steht und das sagt, dann kann es sein, dass *alle* aufhören wollen."

Einmal habe ich vor elf Leuten eine Rede gehalten. Vor mir saßen der Firmenchef und seine zehn Stellvertreter. Ich kam zu der Stelle: „Wenn es aufhört, Ihnen Spaß zu machen, dann hören Sie auf!" und machte eine kleine Pause, um einen Schluck Wasser zu trinken. Da unterbrach mich einer der Vizepräsidenten und sagte: „Einen Augenblick, Larry ... ich gehe." Er stand auf, nahm seine Mappe und seinen Mantel und verließ den Raum. Glauben Sie mir – das ganze Seminar war wie gelähmt. Der Präsident schlug vor, wir sollten erst einmal eine Pause machen. Als er nach ungefähr 20 Minuten wiederkam, bat er mich, so etwas nicht wieder zu sagen. Die Geschichte ist an sich witzig, aber sie hat auch einen traurigen Aspekt. Traurig deshalb, weil der Typ, der den Raum verlassen hat, sich so weit ins Aus manövriert hatte, dass es nur dieses einen nachdrücklich gesprochenen Satzes bedurfte, um das Fass zum Überlaufen und ihn zum Gehen zu bringen. Er schrieb mir später einen netten Brief, in dem er mir erklärte, wie dankbar er mir war, dass ich ihm sozusagen die Erlaubnis gegeben hatte, einfach nur glücklich zu sein. Er schrieb auch, er habe inzwischen einen besser bezahlten Job gefunden, der ihm mehr Spaß mache, als er je für möglich gehalten habe. Wenn Sie so wie er sind und meine Erlaubnis brauchen, um glücklich zu sein, dann gebe ich sie Ihnen hiermit gerne! Gehen Sie und seien Sie glücklich! Wenn das bedeutet, dass Sie Ihren Job aufgeben müssen – dann geben Sie ihn auf! Aber tun Sie es nicht, ohne etwas anderes in Aussicht zu haben. Machen Sie keine Dummheiten!

Lieben Sie das, was Sie tun. Erinnern Sie sich: Wahrscheinlich waren Sie anfangs ganz gespannt auf Ihren Job. Sie mochten Ihr Büro, Ihren Schreibtisch, Ihren Stuhl, Ihre Registrierkasse, Ihren Kalender und Ihren Computer. Jetzt ist alles so alt, so vertraut und langweilig geworden und Sie sind froh, wenn Sie abends aus der Bude heraus sind. Hassen Sie das alles wirklich? Vielleicht sind Sie nur in Ihren Gewohnheiten festgefahren. Das können Sie ändern.

Sie haben eine Beziehung – zu Ihrem Job

Ähnlich, wie sich zwei Menschen mit den Jahren nichts mehr zu sagen haben und sich auseinander leben, kann es auch zwischen Ihnen und Ihrem Job passieren. Wenn Ihre Ehe oder Ihre Partnerschaft etwas langweilig wird, sollten Sie sie neu beleben. Sie sollten sich an das zurückerinnern, was Sie am Anfang zusammengebracht hat. Sie sollten sich fragen, warum Sie sich damals gerade in diesen Menschen verliebt haben. Vielleicht sollten Sie einmal alles auf eine Liste schreiben, was Sie zueinander geführt hat. Nachdem Sie das getan haben, sollten Sie handeln. Vielleicht wollen Sie sich wieder an ganz bestimmten Tagen verabreden und miteinander ausgehen, so wie am Anfang. Vielleicht kaufen Sie sich neue Kleidung, um Ihrer Partnerin oder Ihrem Partner zu gefallen. Vielleicht sollten Sie die Wohnung aufräumen und herrichten, bevor Sie miteinander durchs unaufgeräumte Schlafzimmer latschen. Sie müssen sich für Ihre Partnerin oder Ihren Partner attraktiver machen. Jungs, Ihr müsst auch mal ins Fitness-Studio gehen, um Eure Figur etwas aufzupolieren. Es mag zuerst hart sein. Aber alles, was man behalten möchte, ist es wert, dafür zu kämpfen. Also tut es.

Das ist ein guter Rat für jede Beziehung. Es ist auch ein guter Rat für Ihren Job. Sie sollten Ihre Beziehung zu Ihrer Arbeitsstelle ein bisschen auffrischen. Hier ist meine Empfehlung für Sie: Schreiben Sie auf, was Sie früher an Ihrem Job so gemocht haben. Schreiben Sie alles auf, was Ihnen dazu einfällt. In möglichst einfachen Worten. Ich meine, geradezu idiotisch einfach. Dinge wie Ihren Stuhl. Ihre Uniform. Das Fenster in Ihrem Büro. Die Farbe des Teppichs. Ihre Kollegen. Ihren Parkplatz. Die Fahrt mit der U-Bahn. Die Kaffeeküche. Ich weiß nicht, was Ihnen noch so alles einfällt, und es ist mir auch egal. Es ist nicht meine Liste, sondern Ihre. Sie wissen, was Sie an Ihrem Job mochten, als Sie ihn bekamen; schreiben Sie es auf eine Liste. Erinnern Sie sich an die guten alten Zeiten – Tage, an die

Sie wieder anknüpfen wollen. Überzeugen Sie sich selbst, warum Ihr Job ein guter ist, warum er Ihnen Spaß macht. Ziehen Sie sich ein bisschen hübscher an, wie Sie es für Ihre Partnerin machen würden, um das erlöschende Feuer wieder zu entfachen. Nehmen Sie Fett ab, das sich über die Jahre auf Ihren Hüften angesammelt hat. Räumen Sie Ihr Büro gründlich auf – werfen Sie einige Sachen weg, damit Sie mit mehr Platz und frischem Schwung neu anfangen können. Das ist alles ziemlich simpel. Dafür brauchen Sie Ihr Gehirn nicht mal anzustrengen. Sie wissen, worauf ich aus bin. Sie können es schaffen.

Wenn Sie Ihren Job lieben, ihn mögen und Spaß dabei haben, werden Sie ihn garantiert besser machen.

Das große „Aber"

Da ist natürlich auch ein großes, fettes „Aber". Manchmal werden Sie Ihre Arbeit nicht mögen, und sie wird Ihnen keinen Spaß machen. Egal, was Sie ausprobieren und was Sie unternehmen, Sie können den Spaß und die Liebe zum Job nicht wieder beleben. An manchen Tagen nervt die Arbeit, und Sie hassen sie. Denken Sie dann daran, warum Sie das alles tun. Ziehen Sie den Kopf ein und arbeiten Sie weiter, bis die Arbeit Ihnen eines Tages wieder mehr Spaß macht. Außerdem haben Sie, als Sie den Job angenommen haben, einen Vertrag geschlossen, ihn möglichst gut zu machen, auch wenn Sie sich einmal nicht danach fühlen und einen schlechten Tag haben. Ihre Kollegen, Ihre Kunden und Ihre Firma sollen nicht darunter leiden, dass es Ihnen heute keine Freude macht.

Die Lügen über geschäftlichen Erfolg und die Lügner, die sie verbreiten

Erfolgsschriftsteller und -redner lügen, wenn sie behaupten, der Schlüssel zum Erfolg sei, dass Sie Ihren Beruf lieben. Halt! Das habe ich vorhin auch behauptet. Dann bin ich also auch ein Lügner? Ja, ich geb´s zu. Denn die Liebe zu Ihrem Job ist nur ein Schlüssel zum Erfolg, sie ist nicht unbedingt notwendig. Sie müssen Ihren Job nicht unbedingt lieben, um ihn gut zu machen. *Aber es hilft*, wenn Sie ihn lieben.

Leidenschaft. Die Motivations-Gurus sagen alle, man müsse in seinem Beruf leidenschaftlich sein. Dabei wird Leidenschaft maßlos überschätzt. Die Verkaufstrainer sagen den Verkäufern, sie müssten nur genug Leidenschaft für ihr Produkt aufbringen, dann könnten sie es auch verkaufen. Auch im professionellen Reden-Geschäft hört man immer wieder, man müsse leidenschaftlich reden, um die Zuhörer zu überzeugen. Das ist gelogen! Sie brauchen nicht unbedingt Leidenschaft, um in Ihrem Beruf erfolgreich zu sein oder gut zu sein. *Aber sie hilft.*

Begeisterung. Das ist der Schlüssel zum Erfolg. Oder? Nein, nicht wirklich. *Aber sie hilft.*

Genießen Sie Ihre Arbeit. Wenn Sie Spaß dabei haben, werden Sie erfolgreich sein. Das sage ich in meinen Vorträgen seit Jahren. „Exzellente Leistung kommt von der Freude." Ich habe sogar dieses Kapitel mit dieser Zeile begonnen. Ich kann es sogar noch weiter ausführen und sagen: Leute, die Spaß bei der Arbeit haben, machen ihren Job besser und Leute, die keinen Spaß bei der Arbeit haben, werden wahrscheinlich nie richtig gut sein. Klingt das nicht gut? Klar, schließlich habe ich es ja auch gesagt! Aber ... da gibt es ein weiteres dickes „Aber" – es stimmt nicht ganz. Man muss seinen Job nicht unbedingt lieben, um darin gut zu sein. *Aber es hilft.*

Das Fazit: Man braucht mehr als Leidenschaft. Man braucht mehr als Begeisterung. Man braucht mehr als Liebe zur und Spaß an der Arbeit.

Mein Freund Joe Calloway, Autor der Bücher *Becoming A Category of One* und *Indispensable* und mit der beste Business-Redner, den ich jemals reden gehört habe, sagt seit Jahren, dass er seinen Job nicht mit Leidenschaft betreibt. Er mache ihm Spaß, aber mit Leidenschaft sei er nicht dabei. Leidenschaftlich sei er, wenn es um seine Frau, seine Tochter, seine Freunde und Angehörigen geht. Er spricht und schreibt über Kundendienst und Markenbranding. Er sagt immer: „Wie kann man mit echter Leidenschaft über Kundendienst und Markenbranding sprechen? Gute Frage; ich weiß es auch nicht. Ich bin sicher nicht leidenschaftlich." Trotzdem macht Joe von allen Menschen die ich kenne, seine Arbeit am besten. Er ist auch einer der erfolgreichsten Burschen in Sachen Business-Vorträge und Unternehmensberatung, die ich kenne. Warum? Nicht, weil er so viel Leidenschaft, Liebe, Spaß und Begeisterung mitbringt. Sondern, weil er einfach so gut darin ist. Als ich ihm schrieb, dass ich diesen Abschnitt in meinem Buch über ihn schreiben würde, antwortete er: „Bloß weil man das tut, was einen glücklich macht, heißt das noch lange nicht, dass man dafür bezahlt werden muss." Dieser Satz gefällt mir. Man wird dafür bezahlt, dass man seine Arbeit gut macht und guten Service bietet. Man muss dabei nicht leidenschaftlich sein. *Aber es hilft.*

Lieben Sie Ihre Arbeit ruhig – aber lieben Sie sie genug

Wenn Sie mir erzählen, Sie lieben Ihre Arbeit, wenn ich aber sehe, dass Sie sie nicht gut machen, nenne ich Sie einen Lügner. Sie haben richtig gehört – einen Lügner. Denn wenn Sie Ihre Arbeit wirklich mögen, werden Sie alles daran setzen, sie gut zu machen. Das macht die Liebe mit uns Menschen. Sie bessert uns. Wenn Sie jemanden lieben, arbeiten Sie an sich, um dem geliebten Menschen zuliebe ein besserer Mensch zu werden. Wenn Sie Ihren Job lieben, arbeiten Sie an sich, um ihm besser gerecht zu werden. Sie werden ihn genug mögen, um ihn gut zu machen. Wenn Sie das nicht schaffen, lieben Sie Ihren Job nicht richtig; dann gehen Sie nur gern dorthin, wo man Sie fürs Abhängen bezahlt.

Der wahre Schlüssel zum beruflichen Erfolg ist, gute Arbeit zu leisten. Alles andere hilft dabei. Es hilft sehr. Es ist ganz unbestreitbar ein wichtiger allgemeiner Erfolgsfaktor, aber nicht der Schlüssel zum Erfolg. Der wahre Schlüssel zum beruflichen Erfolg ist, gute Arbeit zu leisten. Qualität kommt nicht allein von Spaß, Liebe, Leidenschaft und Begeisterung. Qualität kommt daher, dass man etwas auf- und zuschraubt und es immer wieder falsch macht, bis man es eines Tages endlich, *endlich*, **endlich** richtig macht. Und das bedeutet gute, altmodische, harte Arbeit! Alles andere hilft, ist aber, für sich allein genommen, nur heiße Luft. Man braucht Schweiß, um etwas zu bewegen – keine heiße Luft.

Noch einmal, aber diesmal noch deutlicher

Wenn Sie sich das nächste Mal sagen hören: „Ich mag meine Arbeit nicht", dann denken Sie daran: Es interessiert niemanden. Sie werden nicht dafür bezahlt, dass Sie Ihre Arbeit *mögen*. Sondern dafür, dass Sie sie *tun*.

Sie arbeiten nur zehn Prozent Ihrer Zeit

Ich spreche nicht darüber, wie viel Sie arbeiten. Sondern darüber, wie viel von Ihrer Arbeitszeit Sie mit Ihrer eigentlichen Haupttätigkeit verbringen.

Ich arbeite mehr als 200 Tage im Jahr als professioneller Redner. Dabei stehe ich weniger als 100 Stunden pro Jahr auf der Bühne. Den Rest meiner Arbeitszeit verbringe ich damit, zu den Vortragsorten und davon wieder abzureisen, darauf zu warten, mit meiner Rede beginnen zu können, mich mit Hotelangestellten, Room-Service, Flugpersonal, Taxifahrern, Autoverleih-Mitarbeitern et cetera herumzuärgern und all das zu tun, was sonst noch zu meinem Job gehört. Wie viel von der Arbeitszeit eines Berufsredners geht fürs Reden drauf? Nicht sehr viel.

Wie ist es bei Ihnen? Vielleicht sind Sie im Verkauf tätig. Wie viel von Ihrer Arbeitszeit verbringen Sie mit Verkaufen? Ich schätze, höchstens zehn Prozent. Den Rest der Zeit verbringen Sie mit all dem übrigen Kram, der sonst noch zu Ihrer Arbeit gehört.

Oder sind Sie Arzt? Dann verbringen Sie vielleicht gute zehn Prozent Ihrer Arbeitszeit bei den Patienten, in der Sprechstunde, mit praktischer Medizin. Der Rest der Zeit geht für all die anderen Dinge drauf, die zum Betreiben einer profitablen Arztpraxis notwendig sind, nicht mit „Doktorspielen".

Verstehen Sie jetzt, was ich meine? Verlieben Sie sich in die zehn Prozent Ihres Jobs, die die eigentliche Tätigkeit umfassen, und finden Sie sich mit dem Rest – den übrigen 90 Prozent – irgendwie ab, denn das ist das ‚notwendige Übel', ohne das Sie die schönen zehn Prozent nicht machen könnten.

Larrys Tipps:
So lernen Sie Ihren Job zu lieben

››› Lieben und genießen Sie das, was Sie tun, in ausreichendem Maße, um gut darin zu sein.

››› Sie brauchen mehr als Leidenschaft, Begeisterung, Liebe und Spaß am Job, um erfolgreich zu sein – Sie müssen das, was Sie machen, gut machen.

››› Sie werden nicht dafür bezahlt, dass Sie Ihren Job mögen, sondern dafür, dass Sie ihn tun.

››› An manchen Tagen müssen Sie sich mit 90 Prozent Ihres Jobs abfinden, um die zehn Prozent machen zu dürfen, die Sie wirklich mögen.

››› Peppen Sie Ihren Job von Zeit zu Zeit ein wenig auf, um die Leidenschaft, die Sie früher einmal dafür fühlten, wieder zu entfachen.

KAPITEL 7

Machen Sie sich unentbehrlich

Carolynn, meine Schiffsversand-Spezialistin

Ich versende und empfange alle meine Versandgüter im nahe gelegenen UPS-Laden. Ich gebe diesen Laden auch als meine persönliche Postadresse an, da ich häufig auf Reisen bin und die ganzen Sachen nicht bei mir zu Hause lagern möchte. Außerdem möchte ich nicht, dass alle Welt weiß, wo ich wohne. (Ich muss mich vor all den Leuten schützen, denen das, was ich sage, nicht passt!)

Ich kenne alle Mitarbeiter im UPS-Laden persönlich. Ich bin ein lauter Typ, der zugegebenermaßen ein paar Macken hat und leicht zu erkennen ist. Daher habe ich auch manchmal mit kuriosen Waren zu tun, die das Personal neugierig machen. Glauben Sie mir, es lässt niemanden kalt, wenn Sie ihn bitten, den Empfang eines Wasserbüffelschädels zu quittieren! Carolynn ist meine Hauptansprechpartnerin im Laden. Ich vertraue ihr vollkommen. Sie kümmert sich um meine Waren, hat immer ein Lächeln für mich und gibt mir das Gefühl, dass ich ihr auch wichtige Aufträge anvertrauen kann und dass die Sachen auch dort ankommen, wo sie hin sollen. Alle anderen Leute, die dort arbeiten, sind auch sehr nett, aber zu Carolynn habe ich einen besonderen Draht. Sie hat meine Bücher gelesen, meine DVDs gesehen und sich meine CDs angehört. Sie hat sogar einen Plastik-Larry neben ihrem Computer stehen. Sie versteht mich und das, was ich tue. Selbst als ich umgezogen bin und ihre UPS-Filiale für mich nicht mehr die nächste war, entschied ich mich dafür, ihr treu zu bleiben, weil ich Carolynn nicht aufgeben und nicht erst umständlich jemand anderen in meine speziellen Bedürfnisse „ein-arbeiten" wollte. Manchmal gibt sie mir sogar ein Schoko-Praliné und macht mich so zu ihrem treuen Stammkunden.

Eines Tages, als ich den Laden betrat, sah ich ein Schild mit der Aufschrift „Mitarbeiter gesucht" an der Tür hängen. Ich fragte, ob sie jemanden neu einstellen wollten oder ob jemand gehe. Da sagte Carolynn: „Ich gehe weg." Ich war darauf und dran, mich auf den Boden fallen zu lassen und loszuheulen. Natürlich nicht wirklich, aber ich war sehr enttäuscht. Ich hatte mich in den fünf Jahren, in denen ich jetzt schon in den Laden ging, so an sie gewöhnt. Wir verstanden uns so gut, sie passte immer auf meine Sachen auf, und auf einmal ging sie. Ich sagte zu meiner Frau: „Ich überlege mir ernsthaft, ob ich jetzt überhaupt noch dahin gehen soll. Vielleicht ist es besser, ich gehe ab jetzt in die Filiale, die näher bei uns liegt." Mein Vertrauen in die ganze Firma war erschüttert, weil Carolynn ging. Ich war mir nicht sicher, ob die neuen Leute alles so gut ma-chen würden wie sie.

Inzwischen ist einige Zeit vergangen. Auch die Nachfolger von Carolynn machen ihren Job ordentlich und bieten mir einen guten, kompetenten Service. Nicht ganz so persönlich wie Carolynn, aber tadellos. Warum ich das alles erzähle? Weil ich mich daran gewöhnt hatte, so sehr auf Carolynn zu zählen, dass ich gar nicht mehr daran dachte, dass ich zu UPS gehe. Für mich war es sozusagen ihr Laden, in den ich meine Sachen zum Aufbewahren oder Verschicken brach-te. Ich habe ihr, der Person, vertraut, nicht ihrer Firma. Durch ihr Interesse, mich kennen zu lernen, sich um meinen Kram zu kümmern und mein Vertrauen zu erwerben, wurde sie richtig unentbehrlich für mich.

Wenn Ihre Kunden mehr auf Sie zählen als auf Ihre Organisation, sind Sie für sie wertvoll geworden.

„Verstanden. Aber wie stelle ich das an?"

Arbeiten Sie hart in Ihrem Job – aber noch mehr an sich selbst

Was tun Sie in Ihrer eigenen Zeit, um das, was Sie machen, besser zu können? Lesen Sie Bücher? Sehen Sie Videos von erfolgreichen Leuten? Studieren Sie Ihre Produkte oder die Ihrer Konkurrenz? Die meisten Leute würden jetzt sagen: „Nein, warum. Meine Freizeit gehört mir! Wenn sie wollen, dass ich das mache, dann sollen sie mich gefälligst auch dafür bezahlen."

Wenn Sie auch so denken, sind Sie zum Misserfolg verdammt. Auch wenn Sie sich während der Arbeitszeit den Hintern aufreißen, verstehen Sie nicht wirklich, was man braucht, um erfolgreich zu werden. Sie können der beste Verkäufer der Welt sein und Tag für Tag gute Leistung zeigen. Aber wenn Sie nur in Ihrer Arbeitszeit ordentlich arbeiten, werden Sie ein Leben lang nichts anderes sein als der beste, fleißigste Verkäufer der Welt.

Ihre Zukunft ist Ihre Sache, nicht die Ihres Arbeitgebers. Sie selbst müssen besser werden, damit Ihre Lebensumstände besser werden, und das müssen Sie in Ihrer Freizeit tun. Manche Arbeitgeber bieten ihren Mitarbeitern Fortbildungen an, und es ist erstaunlich, wie selten diese Möglichkeiten genutzt werden. Ich nehme an, die Leute sind alle zu beschäftigt, um noch etwas lernen zu können.

Arbeiten Sie daran, besser zu werden, und zwar wann immer es geht. Man braucht nicht viel Zeit, um einen guten Erfolgsratgeber zu lesen. Eine halbe Stunde vor dem Schlafengehen reicht schon.

Diese dreißig Minuten Zeitaufwand würden Sie für Ihren Arbeitgeber interessanter machen und könnten dafür sorgen, dass Sie bei nächster Gelegenheit befördert werden. Oder bei der nächsten Entlassungswelle bleiben dürfen, während andere gehen müssen.

Meistens gibt es nur einen Grund dafür, dass Arbeitskräfte entlassen, zurückgestuft, versetzt, nicht befördert oder mit Privilegien belohnt werden: Ihre Ergebnisse geben eben nichts Besseres her. Natürlich sagt man ihnen nicht, dass das der wahre Grund ist. Nur sehr wenige Abteilungsleiter sind ihren Mitarbeitern gegenüber wirklich ehrlich. Sie werden wohl kaum zu Ihnen sagen: „Bei den Ergebnissen haben Sie nichts Besseres verdient." Aber egal, welchen Grund sie angeben, die Wahrheit ist, dass Sie eben nicht so gute Ergebnisse erbracht haben, dass man Sie behalten oder belohnen will. Aber es gibt andere, die schaffen es. Ziemlich frustrierend, nicht wahr? Da haben Sie gedacht, man hätte Sie gefeuert, weil die Belegschaft verkleinert werden soll. Sie haben gedacht, der Kollege ist befördert worden, weil er so ein netter, charmanter Sonny-Boy ist. Sie sagen sich bestimmt, dass Sie die Beförderung nicht bekommen haben, weil die Leute in der Firma ungerecht sind. Die Wahrheit jedoch ist, dass Sie nicht hart genug gearbeitet haben. Sie haben Ihr Aufgabenpensum nicht erledigt.

Wenn Sie sicher sein wollen, dass Sie in Frage kommen, wenn Ihre Firma mal wieder irgendwelche Bonbons verteilt, dann machen Sie sich unentbehrlich. Bemühen Sie sich darum, die Produkte und Dienstleistungen Ihres Unternehmens von der Pike auf zu kennen. Eignen Sie sich mehr Kenntnisse über den Wettbewerber und die Marktbedingungen an als alle anderen. Kommen Sie morgens als Erster zur Arbeit und gehen Sie abends als Letzter. Machen Sie die Arbeiten, um die sich alle anderen drücken. Arbeiten Sie schnell. Lernen Sie, rasch Entscheidungen zu treffen. Übernehmen Sie persönlich die Verantwortung. Jammern Sie nicht herum. Erwerben Sie sich den Ruf, jemand zu sein, der alle anfallenden Aufgaben prompt erledigt. Tun Sie mehr, als man von Ihnen erwartet. Erbringen Sie die Ergebnisse. Mit anderen Worten: Schuften Sie!

So sichern Sie am ehesten Ihren Arbeitsplatz. Werden Sie der Mitarbeiter, ohne den in Ihrer Firma nichts läuft. Werden Sie die Person, ohne die Ihre Kunden nicht zurechtkommen. Werden Sie derjenige, auf den die Firma, Ihr Chef, Ihre Kollegen und Kunden bauen, den sie brauchen und gerne um sich haben.

Machen Sie es aber auch nicht zu kompliziert. Der Schlüssel dazu, dies zu erreichen, kann ein sehr einfacher sein. Hier ist ein kleines Beispiel: Ich mag die Stadt Boston sehr. Sie ist schön und hat Geschichte, und außerdem hat sie einige der besten Restaurants im Land. Ich komme zwei- oder dreimal im Jahr nach Boston und lande dort abends immer im selben Fisch-Restaurant. Da ich fast immer allein dort bin, setze ich mich an die Bar. Ich plaudere ein oder zwei Minuten mit dem Barkeeper und bestelle immer das gleiche: Chowder (eine dicke Suppe aus Meeresfrüchten) und Krabben-Kekse. Als ich zum erstenmal das Lokal betrat, fragte mich der Barmann Hugh nach meinem Namen und meinem Beruf. Von da an hat er beides nie mehr vergessen. Seitdem nennt er mich sofort beim Namen, sobald ich zur Tür hereinkomme, und fragt gleich, ob ich „dasselbe wie immer" essen möchte.

Eines Tages habe ich ihn mal gefragt, wie er sich meinen Namen, mein Lieblingsessen und Lieblingsgetränk merken kann, wo ich doch nur wenige Male im Jahr hinkomme. Er sagte, er habe sich schon, als er in dem Lokal zu arbeiten anfing, vorgenommen, sich die Namen seiner Kunden und ein paar andere, für sie typische Einzelheiten zu merken. Ich meinte, ich sei schwer beeindruckt. Da lachte er und sagte: „Na ja, ich glaube, das ist der Grund, warum sie mich hier behalten wollen – dass ich jeden, der hereinkommt, kenne und weiß, was er essen und trinken möchte. Die Leute mögen es, wenn man sie beim Namen nennt – und sie geben einem dann auch mehr Trinkgeld!"

Dass er damit hundertprozentig recht hat, habe ich selbst erlebt. Wahrscheinlich würde ich früher oder später ein Lokal in Boston finden, das mein Leibgericht noch besser kocht als dieses, aber ich könnte dann Hugh nicht sehen; deswegen behalte ich meine alte Gewohnheit bei, komme zu ihm und bestelle immer dasselbe bei ihm. Und weil ich mich bei ihm wohl fühle, bekommt er ein bisschen mehr Trinkgeld als manch anderer von mir.

Ist das, was Hugh macht, so schwierig? Eigentlich nicht. Es ist vielleicht ein bisschen schwer, die Namen und die Bestellung so vieler Leute auswendig zu lernen. Aber kompliziert ist es nicht. Hugh ist damit für sein Restaurant unentbehrlich, und für mich als Kunde auch. Außerdem verdient er auf diese Weise mehr Geld. Merke: Nur ein bisschen mehr Mühe, und jeder hat etwas davon.

Wer sind Sie?

Vor Kurzem habe ich vor einer Organisation von 200 Leuten eine Rede gehalten. Als ich dort ankam, stellten sich mir etwa 20 Leute vom Organisationsteam vor, nannten mir ihre Titel und ihre Funktion und versprachen, mir zu helfen, wo sie nur könnten. Ich ahnte sofort, das gibt Probleme, denn das Meeting war total überplant. Man braucht doch keine 20 Leute, um ein Meeting für 200 Leute auf die Beine zu stellen. Wenn ich einen Vortrag halte, brauche ich nur einen Tisch neben mir, für meine Requisiten, und einen weiteren Tisch im Hintergrund des Raumes, auf dem ich meine Bücher unterschreiben kann. Jeder im Vorbereitungsteam wusste, dass ich die beiden Tische brauche. Aber als ich dort ankam, war kein Tisch da. Ich sagte jedem, der sich mir zu Anfang vorgestellt hatte, dass die Tische nicht da waren und dass sie noch geholt und aufgestellt werden müssten. Ich sagte es dem Sitzungsplaner, dem Produktionsmanager, dem Tontechniker, dem Bühnenmanager und all den anderen Fuzzys. Ich sagte es jedem, den ich fand, und jeder versprach mir hoch und heilig, sich darum zu kümmern. Die Zeit lief, es wurde immer später. Gleich würde die Pause zu Ende sein, und die Sitzungsteilnehmer würden zurückkommen. Plötzlich kam ein Typ vom Organisationsteam und sagte: „Sie sehen so unglücklich aus; brauchen Sie etwas?" Ich erklärte ihm, dass ich zwei Tische bräuchte und zeigte ihm, wo man sie aufbauen sollte. Er meinte: „Kein Problem – wird sofort erledigt!" Auf der Stelle ging er weg, holte zwei Tische und stellte sie auf. Ich danke ihm und fragte ihn, was sein Titel war, weil die anderen mir den ihren gleich genannt hatten. Er sagte: „Ich? Ich bin hier nur das Mädchen für alles." Das ist es, was wir alle wirklich brauchen – ein ‚Mädchen für alles'. Sehen Sie zu, dass Sie eines werden.

Die meisten Menschen jedoch sind wie die übrigen Teilnehmer des Organisationsteams: Sie geben mit ihren Titeln an und versprechen einem das Blaue vom Himmel, und wenn man sie dann wirklich braucht, sind sie nicht da. Lippenbekenntnisse anstelle von Kundendienst.

Täglich trifft man auf beide Typen von Leuten. Die meisten bringen nicht viel auf die Reihe – man könnte ganz gut auf sie verzichten. Auf einmal findet man dann zufällig ein echtes Juwel unter den ganzen Blendern – einen netten Typen, der ganz einfach seine Arbeit macht.

Sehr wenige Leute versuchen, sich unverzichtbar zu machen. Stattdessen bringen die meisten ihre Arbeitszeit damit rum, sich nur wichtig zu machen. Damit tun sie das genaue Gegenteil dessen, was sie eigentlich tun sollten.

Sie kommen nicht zu handfesten Ergebnissen. Sie haben kein bisschen Ahnung von den eigenen Produkten. Sie verstehen nichts von der Branche, in der sie arbeiten. Sie kennen die Konkurrenten und deren Produkte nicht. Sie geben sich keine Mühe, mit ihren Kolleginnen und Kollegen auszukommen. Sie tun so, als müsste ihre Firma ihnen den Lebensunterhalt finanzieren. Sie melden sich krank, ohne es zu sein. Sie jammern tagein, tagaus. Sie lesen nicht. Sie bilden sich nicht fort. Sie hören nicht richtig zu. Viele kennen nicht einmal ihre Arbeitszeit auswendig. Die meisten von ihnen können den Kunden nicht mal den Anfahrtsweg zu ihrer Firma beschreiben. Sie sehen die Kunden als unnütze Plagegeister an. Sie arbeiten gerade genug, um nicht gefeuert zu werden. Sie sind wie Blutegel – sie saugen Leben, Geld und Rentabilität aus ihrer Firma.

Nicht morgen, sondern heute!

Nicht morgen, sondern heute. Das sollte das Motto eines jeden Angestellten, Managers, Firmenbosses und einer jeden Firma sein.

> *„Eine gute Idee, die heute noch in die Tat umgesetzt wird, ist besser als eine perfekte, die erst morgen um-gesetzt wird."*
>
> *General George S. Patton*

Wenn Sie zu den Leuten gehören, die nie in Eile sind, zu denen, die sagen: „Wir haben jede Menge Zeit. Was soll diese Hektik?" und so weiter, dann bin ich jetzt mal so höflich, wie ich nur kann, und sage Ihnen einfach: Sie sind ein Idiot. Ist das klar? Es gibt KEINE Zeit zu verlieren. Es eilt immer. Sie haben nicht immer „alle Zeit der Welt". Beeilen Sie sich gefälligst!

Wann sollten Sie den Kunden anrufen?
Am besten heute.

Wann sollten Sie einen guten Angestellten loben?
Noch heute.

Wann ist es Zeit, sich bei Kollegen für deren gute Unterstützung zu bedanken? Noch heute.

Wann sollten Sie inkompetente Angestellte feuern? Noch heute.

Wann sollten Sie Ihren Schreibtisch aufräumen? Noch heute.

Wann sollten Sie Wichtiges erledigen? Noch heute. Nicht erst morgen. Möglichst immer gleich heute.

> *„Sie können Ihrer Verantwortung nicht entrinnen, indem Sie alles von heute auf morgen verschieben."*
> *Abraham Lincoln*

Zügiges Arbeiten hilft, dran zu bleiben

Wer schnell arbeitet, neigt in der Regel eher dazu, das Richtige zu tun. Ich glaube, wenn man zu viel darüber nachdenkt, was man noch alles tun muss, versucht das Gehirn, sich Abkürzungen auszudenken, und man kommt vom Weg ab. Man denkt dann darüber nach, was bequemer wäre, anstatt zu tun, was *richtig* ist. Das Richtige kommt meist direkt aus dem Bauch. Wenn Sie schnell arbeiten, tendieren Sie dazu, mehr aus dem Bauch heraus zu arbeiten, weil Ihr Gehirn gar nicht die Zeit hat, sich bequemere Wege einfallen zu lassen.

Habe ich gesagt, Sie sollen nicht mehr nachdenken? Habe ich gesagt, Sie sollen sich einfach gedankenlos in die Arbeit stürzen? Nein! Ich möchte damit nur sagen, dass ein zügiges Arbeiten sinnvoller ist.

Ich glaube, man sollte seine Arbeit erledigen, sobald man kann, und das ist in den meisten Fällen gleich. Nur wenige Dinge müssen aufgeschoben werden. Etwas sofort zu machen bedeutet, dass man mehr aus dem Instinkt heraus arbeitet. Ich glaube, die meisten Menschen haben einen guten Instinkt. Sie tun meistens das Richtige, wenn sie wirklich müssen, wenn es von ihnen erwartet wird. Wenn es erwartet und belohnt wird, dass jemand seine Arbeit so schnell wie möglich macht, dann wird sie auch schnell gemacht. Auf der anderen Seite gilt: Wenn die Leute jede Menge Zeit bekommen, Pläne zu schmieden und sich etwas auszudenken, wandert ihre Aufmerksamkeit und sie denken nur noch über den bequemsten Weg nach.

Wenn es erwartet und belohnt wird, dass jemand seine Arbeit so schnell wie möglich macht, dann wird sie auch schnell gemacht.

Es ist wie mit den Kids in der Highschool, die sich raffinierte, ausgeklügelte Pläne überlegen, wie sie bei der nächsten Prüfung betrügen können. Meist würden sie innerhalb kürzester Zeit bessere Ergebnisse erzielen, wenn sie ihren Stoff einfach lernen würden. Stattdessen verbringen sie lieber mehr Zeit damit, sich auszudenken, wie sie es schaffen, ihn nicht lernen zu müssen.

Der Nachteil des Sich-unentbehrlich-Machens

„Was? Es gibt auch einen Nachteil?"

Leider ja.

Ihre lieben Arbeitskollegen werden sich über Sie lustig machen, hinter Ihrem Rücken tuscheln, Sie kritisieren, Sie einen Streber und den Liebling des Chefs nennen. Einige werden sogar wenig nette Dinge über Ihre Mutter sagen. Na und? Sie arbeiten für *Ihre* Familie, nicht für deren Familie, also verzichten Sie auf ihre Meinung und stellen Sie Ihre Ohren auf Durchzug!

Selbst Ihre so genannten Freunde werden sich das Maul über Sie zerreißen. Schon vor langer Zeit, als ich immer erfolgreicher wurde, musste ich lernen, dass Freunde wollen, dass man erfolgreich wird, aber nicht erfolgreicher als sie selbst.

Deswegen ist es nicht immer gut, Freundschaften zu Arbeitskollegen aufzubauen. Man arbeitet mit ihnen zusammen, mehr nicht. Man sollte sie respektieren und miteinander Spaß haben und eine gewisse Kameradschaft pflegen, aber man sollte nicht gerade seine Träume und innersten Angelegenheiten mit ihnen teilen.

Mein bewährtes Credo lautet: Was der andere von mir denkt, geht mich nichts an.

Wenn guten Mitarbeitern Schlechtes passiert

Ich bin nicht blind. Ich sehe, was heutzutage im Business los ist. Ich weiß, dass die Wirtschaft jederzeit den Bach hinuntergehen kann und manche Betriebe, einfach wegen ihrer Zugehörigkeit zu einer bestimmten Branche, gezwungen sein können, gute, hervorragend arbeitende Frauen und Männer zu entlassen. Das passiert jeden Tag. Es tut mir leid.

Niemand ist vor so etwas sicher.

Für den Fall, dass Ihnen einmal so etwas passiert, gebe ich Ihnen den Rat, es zu schlucken, nicht darüber zu jammern und zu weinen, den Hintern hoch zu kriegen und nach einem neuen Job zu suchen. Wenn Sie den dann gefunden haben, fangen Sie noch mal von vorn an und versuchen Sie sich in Ihrer neuen Stelle unverzichtbar zu machen.

Bitte erzählen Sie mir nicht, Sie könnten keinen anderen Job bekommen. Es gibt eine Menge Jobs da draußen. Vielleicht nicht genau das, was Sie bisher gemacht haben. Okay, nehmen wir mal an, Sie waren als Ingenieur für 90.000 Dollar Jahresgehalt für eine große Fabrik tätig und werden arbeitslos. Nach ein paar Monaten erlischt Ihr Anspruch auf Arbeitslosengeld, Ihre Abfindung ist verbraucht und es sieht düster aus für Sie und Ihre Familie. Sie kommen mit Miete, Rechnungen und Raten nicht mehr hinterher und fragen sich, was Sie im nächsten Monat tun sollen. Sie haben sich bei anderen Unternehmen in Ihrer Gegend mit Ihrem Lebenslauf beworben, in der Hoffnung, wieder als Ingenieur arbeiten zu können oder sonst etwas zu kriegen, das Ihren Begabungen und Gehaltsvorstellungen in etwa entspricht. Aber es klappt einfach nicht. Was können Sie tun? Hier ist die Idee: Sich einen Job suchen! Hören Sie auf, an Ihre Karriere zu denken. Sie haben Rechnungen zu zahlen. Nehmen Sie einen Job an. Und wenn es der erstbeste ist. Auch wenn Sie sich unterfordert fühlen – machen Sie das Beste daraus. Egal, was für ein Job es ist. Nehmen Sie ihn. Es wird Ihnen gut tun. Aber: Der beste Zeitpunkt, einen Job zu finden, ist dann, wenn Sie schon einen haben.

„Sie wissen wohl nicht, wer ich bin? Dafür bin ich mir zu schade!"

Doch, ich weiß, wer Sie sind. Sie sind der Typ ohne Job, ohne Geld. Oh nein, Sie sind sich dafür nicht zu schade. Seien Sie nicht so dumm, Ihrem Ego zu folgen, das Ihnen zuflüstert, Sie seien zu gut für irgendetwas. Das stimmt nicht. Sie sind niemals zu gut dafür, irgendetwas zu arbeiten, was Essen auf den Tisch und Geld auf Ihr Konto bringt und Ihnen hilft, Ihre Familie zu versorgen. Vielleicht ist es nicht der Job, auf den Sie stolz sind oder den Sie schon lange machen wollten. Aber Sie sind nicht zu gut dafür. Sie haben Verpflichtungen, denen Sie nachkommen sollten.

Kürzlich hatte ich es in einer Folge meiner Fernsehserie *Big Spender* mit einem Mann zu tun, der sechs Monate zuvor seinen Job verloren hatte. Die Firma hatte heftige ökonomische Rückschläge zu verkraften und sah sich gezwungen, sich von vielen ihrer Mitarbeiter zu trennen. Er hatte zuletzt 50.000 Dollar Jahresgehalt verdient und war schon seit 14 Jahren bei der Firma angestellt gewesen. Ein halbes Jahr lang erfand er täglich Ausreden, warum er keinen normalen Job für zwölf Dollar die Stunde nehmen könne, denn er sei doch 50.000 Dollar im Jahr wert gewesen. Ich sagte ihm: „Ach, wissen Sie, ich habe auch mal Haare gehabt." Ich erklärte ihm, dass das, was er in seiner letzten Anstellung nach 14 Jahren Betriebszugehörigkeit gearbeitet hatte, wenig damit zu tun habe, was er einer ganz anderen Firma in einer ganz anderen Branche „wert" sei. Außerdem seien zwölf Dollar pro Stunde immerhin zwölf mehr, als er in den letzten sechs Monaten verdient habe.

Ein andermal habe ich einer Frau, die fast kein Geld hatte und bei ihrem Vater lebte (der in zwei Jobs arbeiten musste, um sie, ihre zwei Söhne und ihren Freund ernähren zu können!), gesagt, sie solle sich schleunigst nach einem Job umsehen. Ich riet ihr, zu nehmen, was sie kriegen könne, um Einkommen zu haben und für sich selbst ein besseres Gefühl zu bekommen. Ich glaube fest daran, dass wir alle uns selbst besser leiden können, wenn wir finanziell und ideell etwas beitragen können. Sie sagte, sie habe schon oft genug in Jobs gearbeitet, die sie nicht mochte, und jetzt strebe sie eine Karriere an und wolle eine Arbeit haben, die ihr jeden Tag Spaß macht. Sie wolle keinen Job annehmen, nur um Geld zu verdienen. Da haben wir's: Ohne Geld dasitzen und von Papas Geld leben und keinen Job annehmen wollen, nur weil es vielleicht nicht jeden Tag Spaß macht. Sie sagte, sie sei sich zu schade dafür. Ich war entsetzt. Kein Job der Welt macht einem andauernd Spaß. Ich hätte auch nichts dagegen, wenn man mich dafür bezahlt, dass ich mit einem

Glas Scotch auf meiner Terrasse sitze, zusehe, wie die Sonne langsam untergeht, eine dicke Zigarre rauche und meine zwei Bulldog-
gen streichle. Aber es ist mir schon lange klar geworden, dass das
wohl so nie passieren wird. Also packe ich Tag für Tag meine Tasche,
eile zum Flugzeug, fahre Taxi, ziehe in ein Hotelzimmer, brülle wild-
fremde Leute eine Stunde lang an, reise weiter und mache das Ganze dann von vorne. Dafür werde ich bezahlt. Mir gefällt auch nicht
immer alles daran. Aber ich gebe mir Mühe, mich nicht dauernd zu
beklagen.

Neulich bin ich am Flughafen von Washington, D.C. in ein Taxi
gestiegen. Das Taxi fuhr los, und schon nach wenigen Minuten steck-
ten wir in einem Stau. Das machte den Fahrer wütend. Er schimpfte
und brüllte, er habe Besseres verdient als das. Ich versuchte ihn zu
ignorieren, aber Dummheit kann ich nun mal nur schwer ignorieren.
Er sagte, er sei eigentlich gar kein Taxifahrer; er sei ein hervorragend
gebildeter und ausgebildeter Ingenieur. Ohne dass ich ihn dazu auf-
forderte, erzählte er, seine Firma, die finanziell ins Trudeln kam,
habe ihn nach 15 Jahren Betriebszugehörigkeit entlassen. Er konnte
sich gar nicht mehr beruhigen. Das Leben sei unfair zu ihm, seine
früheren Chefs alle Idioten, und er habe Besseres verdient, als hier
in diesem blöden Taxi im Stau zu stehen, und so weiter. Ich sagte zu
ihm, seine Geschichte sei traurig, aber heute, zumindest für die
nächste halbe Stunde, sei er kein Ingenieur, sondern Taxifahrer, und
als solcher solle er mich jetzt nicht mehr belästigen, sondern einfach
weiter Taxi fahren. Ich sagte zu ihm: „Es passiert immer wieder etwas Schlimmes, aber Jammern hilft da nicht, und ich bin es leid, Sie
immer nur jammern zu hören. Ich jammere auch nicht, und ich
möchte jetzt kein Wort mehr hören." Es wirkte. Den Rest der Tour
sagte er kein Wort mehr. Wahrscheinlich hat er später seinem nächsten Passagier sein Leid geklagt, was für ein Blödmann ich sei, aber
ich hatte wenigstens meine Ruhe.

Dieser Mann machte einerseits einen fatalen Fehler, andererseits aber auch das Richtige. Er machte insofern das Richtige, als er irgendeinen Job annahm, um seine Rechnungen zu bezahlen. Falsch war, dass er zuließ, dass sein Ego über sein Glück bestimmte.

Man bekommt nicht immer den Job, den man haben möchte. Man bekommt nicht immer den Arbeitsplatz, der den eigenen Talenten gerecht wird. Das ist ärgerlich, aber es ist so. Hauptsache, Sie haben überhaupt Arbeit. Viele haben keine. Seien Sie dankbar dafür. Arbeiten Sie hart. Tun Sie, wofür man Sie bezahlt, und sehen Sie sich nebenher nach etwas Besserem um.

Larrys Tipps:
So machen Sie sich unentbehrlich

››› Versuchen Sie, alles über Ihre Firma, deren Produktsortiment und die geschäftlichen Rahmenbedingungen zu erfahren.

››› Halten Sie sich aus persönlichen Auseinandersetzungen unter Kollegen und Kunden heraus. Seien Sie nicht kleinlich und engstirnig.

››› Wenn Sie Entscheidungen zu treffen haben, denken Sie in erster Linie an Ihre Kunden.

››› Entwickeln Sie Verständnis für Ihre persönliche Wettbewerbssituation im Betrieb.

››› Streben Sie nach herausragenden Leistungen – bei allem, was Sie tun.

››› Arbeiten Sie zügig.

KAPITEL 8

Das Allerheiligste

Würden Sie in eine große Kathedrale, etwa St. Patrick´s Cathedral, gehen und dort anfangen zu fluchen, dreckige Witze zu reißen, auf den Boden zu spucken oder sich sonst wie daneben zu benehmen? Nein, das würden Sie nicht. Selbst wenn Sie Atheist wären, würden Sie es nicht tun. Dafür würden Sie das Gebäude und die Menschen darin zu sehr achten. Denselben Respekt sollten wir aber auch unserer Arbeitsumgebung entgegenbringen. Wir sollten unseren Arbeitsort achten, die Arbeit, die dort verrichtet wird, die Ziele der ganzen Firma, die Leute, die dort ihr Brot verdienen, um sich und ihre Familien ernähren zu können, und die Kunden, die uns von ihrem Geld abgeben, damit wir dort weiterhin arbeiten können.

Aber leider ist dieser Respekt in den meisten Unternehmen verloren gegangen. Die Kunden werden nur noch als lästige Plagegeister angesehen, die Kollegen verspottet oder angemault, die Konkurrenz beschimpft und niedergemacht. Das muss aufhören! Wir sollten diese ganzen Firmen, in denen das passiert, von Grund auf sanieren. Wir brauchen eine Firmenkultur, die wieder auf dem Prinzip gegenseitiger Achtung beruht.

Das sollte das Glaubensbekenntnis jeder Firma sein:

> *Dies ist ein heiliger Ort, an dem wir mit- und übereinander nur Gutes reden wollen.*
> *Wir wollen nur Gutes reden über unser Unternehmen,*
> *nur Gutes reden über unsere Konkurrenz,*
> *nur Gutes reden über unsere Kunden.*

Über Kollegen nur Gutes reden

Vor Kurzem bin ich mit meinem Sohn losgezogen, weil wir uns einen neuen Plasma-Fernseher kaufen wollten. Wir haben uns in verschiedenen Geschäften umgesehen und schließlich bei Best Buy ein hervorragendes Gerät zu einem günstigen Preis gefunden. Wir gingen zum Verkäufer und sagten ihm, wir wollten das Gerät kaufen. Er sagte, er müsse erst nachsehen, ob sie noch eines auf Lager hätten. Hatten sie nicht. Ich fragte ihn, ob eine der anderen Best-Buy-Filialen in der Umgebung das Gerät auf Lager hätte. Er sah in seinem Computer nach. Als er zurückkam, meinte er, eine Filiale in ungefähr 24 km Entfernung habe laut seinem Computer noch welche, aber sicher sei er sich da nicht, man könne sich leider nicht immer auf die Auskünfte des Computers verlassen. Ich bat ihn, in der anderen Filiale anzurufen und nachzufragen. Er rollte mit den Augen und trabte davon. Nach ein paar Minuten kam er mit einem zerknüllten Zettel zurück, auf dem eine Telefonnummer stand. Er sagte, das hier sei die Nummer der Filiale und wir könnten selbst dort anrufen, wenn wir wollten. Ich fragte ihn, warum er nicht selbst dort angerufen habe, das sei doch seine Aufgabe, nicht meine. Er sagte, er habe jetzt keine Zeit dazu. Ich sah mich im Laden um. Es war Dienstagnachmittag, und ich sah auf Anhieb neun Verkäufer, die nur herumstanden und miteinander quatschten. Ich meinte, es sei doch nicht zu viel verlangt, dass er einem Kunden behilflich ist, fast viertausend Dollar auszugeben. Er antwortete, das Problem sei, dass man manchmal extrem lange warten müsse, bis die Kollegen im anderen Laden überhaupt ans Telefon gingen, denn sie seien furchtbar langsam und es dauere eine Ewigkeit, bis sie überhaupt rangehen und eine Auskunft über ihre Bestände geben könnten. Da meinte ich: „Mit anderen Worten, die kümmern sich auch nicht darum, ihren Kunden wirklich zu helfen, was?" Er rollte wieder mit den Augen (Ich fürchte, das war das Einzige, was der Kerl wirklich gut konnte), ging ohne ein Wort zu sagen weg und kam in Begleitung eines anderen Typen zurück, der noch weniger Interesse an den Tag legte, uns zu helfen. Er sagte, sein Kollege würde dort anrufen. Das Ergebnis war, dass der dortige Computer tatsächlich falsche Angaben machte und die Filiale den Fernseher ebenfalls nicht auf Lager hatte. Man müsse ihn bestellen, und die Lieferzeit betrage drei Tage.

Das Fazit: Hier war ein Angestellter, dem alles gleichgültig war – seine Kunden, seine Filiale, seine Firma und deren Gewinne. Zusätzlich machte er die andere Filiale und die dortigen Kollegen auch noch schlecht.

Sie merken es natürlich, wenn Ihre Kollegen Mist bauen. Aber Sie müssen und dürfen das dem Kunden nicht auf die Nase binden. Sie vertreten Ihre Kollegen den Kunden gegenüber und sollten nur gut über sie sprechen, selbst dann, wenn es Idioten sind, die alles falsch machen.

Was Sie von Ihren Kollegen halten, geht niemanden etwas an. Behalten Sie es für sich. Den Kunden interessiert nicht, was Sie persönlich meinen. Das einzige, was die Kunden wissen müssen, ist, dass Sie sich um sie kümmern und ihre Aufgabe zu der Ihren machen. Alles andere zählt nicht.

Zurück zu unserer Geschichte: Ich selbst habe die anderen Best-

Buy-Filialen angerufen und den Fernseher ausfindig gemacht. Dort bekam ich dann den günstigen Preis und einen prima Service …

Über Kunden nur Gutes reden

Ich stand an der Rezeption eines Hotels in Orlando, Florida, checkte ein und bekam zufällig mit, wie eine Hotelangestellte mit einem Mann telefonierte, der das Hotel nicht finden konnte. Der Anrufer war vermutlich fremd in der Stadt. Sowas soll es ja geben. Wer in der Stadt, in der er wohnt, ein Zimmer nimmt, ist ein Schürzenjäger oder hat meistens irgendwelche anderen unlauteren Absichten. So viel ich mitbekam, was der Anrufer bereits in der Nähe, konnte aber die richtige Abzweigung zum Hotel nicht finden. Die Angestellte war frustriert und fragte: „Ja, wo sind Sie denn gerade? Was sehen Sie gerade um sich herum? Tut mir leid, kenne ich nicht. Was ist denn da noch?" Schließlich schrie sie beinahe: „Ich kenne kein Nord und Süd, ich kenne nur rechts und links. Bleiben Sie dran." Sie legte den armen Kerl auf eine Warteschleife und erzählte ihrer Kollegin, die mich gerade bediente, was für ein Idiot der Kerl sei und dass er ruhig ein Weilchen warten könne. Sie stand da, klopfte mit dem Fuß auf den Boden und ließ den Anrufer in der Leitung schmoren. Da konnte ich nicht mehr an mich halten. Ich fragte sie, warum er der Idiot sei und nicht sie; im Gegensatz zu ihr wisse er wenigstens, wo Norden und Süden sei und sei damit wohl um einiges schlauer als sie. Außerdem fragte ich sie, ob ihr eigentlich klar sei, dass er als Kunde in ihr Hotel kommt, um Geld für ein Zimmer auszugeben, mit dem unter anderem auch ihr Gehalt bezahlt wird. Sie starrte mich an, sagte nur: „Oh Mann!" und ging nach hinten, ins Büro. Ich bat ihre Kollegin, die mir beim Einchecken half, sie möge mir den Namen der Frau nennen, damit ich mich bei der Geschäftsführung über sie beschweren könne. Sie sagte: „Ich bin die Geschäftsführerin." Ich schlug ihr vor, sie solle diese Frau entlassen, denn sie sei unhöflich und habe durch ihr Verhalten dafür gesorgt, dass der arme Kunde immer noch warten müsse. Ihre Antwort war: „Na ja, wissen Sie, es ist nicht so leicht, heutzutage gutes Personal zu finden." Ich konterte: „Ich wette, das würde Ihr Chef auch über Sie sagen." Das gefiel ihr gar nicht. (Und damit ist die Sache zu Ende erzählt.)

Warum musste ich diesen Wortwechsel zwischen einer Angestellten und ihrem Kunden überhaupt mit anhören? Warum hat sie ihren Kunden so behandelt? Warum war es der Geschäftsführerin anscheinend egal? Weil sie wussten, ihr unhöfliches Verhalten hat keine Folgen für sie. Und weil sie den Zusammenhang zwischen ihren Reaktionen und ihrem Gehalt nicht verstehen.

Ist dieses Erlebnis nicht typisch? Leider schon. Erinnern Sie sich an das, was ich weiter oben über das große Problem Gleichgültigkeit gesagt habe?

Über die Konkurrenz nur Gutes reden

Ja, Sie haben richtig gehört. Es gilt auch für die Konkurrenz. Erhöhen Sie sich selbst niemals, indem Sie andere erniedrigen. Glauben Sie ja nicht, dass Ihre Kunden das zu schätzen wissen und dann eher bei Ihnen kaufen. Verbieten Sie jedermann in Ihrer Firma, über die Konkurrenz und deren Personal Schlechtes zu sagen – insbesondere in Gegenwart von Kunden.

Ich persönlich mag es, wenn Konkurrenten übereinander Gutes sagen. Es wertet in meinen Augen beide Firmen auf. Nichts schafft mehr Vertrauen in eine Firma und ihre Fähigkeiten, als wenn jemand sagt: „Tut mir leid, auf dem Gebiet sind wir nicht so gut; wir können es machen, wenn Sie möchten, aber gehen Sie lieber zur Firma XYZ. Die sind darauf spezialisiert." Wenn ich so etwas erlebe, schaue ich, ob ich nicht bei beiden Firmen etwas bestellen oder kaufen kann. Ich wette, Ihnen geht es ähnlich.

> *„Denken Sie nicht, Sie kämen dadurch weiter, dass Sie andere niedermachen."*
>
> *Marcus Tullius Cicero*

Respektieren Sie Ihren Arbeitsplatz

Schauen Sie sich einmal auf Ihrem Firmengelände um. Wächst zwischen den Rissen des geteerten Bürgersteigs vor dem Haus Unkraut? Liegt Müll auf dem Parkplatz? Ob es Ihnen passt oder nicht, die Kunden sehen so etwas und übertragen es auf die Qualität Ihrer Produkte und Dienstleistungen. Das ist nicht fair, finden Sie? Ich muss nicht fair sein. Ich bin der Kunde.

Fleckige Teppichböden? Ein Zeichen dafür, dass Ihre Angestellten nicht vertrauenswürdig sind. Wieder unfair? Pech – das ist nun mal meine Meinung.

Zigarettenstummel an der Eingangstür? Da frage ich mich: Wie wird sich jemand um meine Kundenwünsche kümmern, der nicht einmal seinen eigenen Eingangsbereich sauber halten kann? Da gehe ich lieber woanders hin. Nicht fair? Ich muss nicht fair zu Ihnen sein. Außerdem werden Sie es gar nicht merken. Ich gehe einfach zu jemand anderem, der sich die Mühe macht, seinen Eingangsbereich sauber zu halten.

Haben Sie in Ihrem Restaurant Kellner, die in schmutziger Kleidung herumlaufen? Dann nehme ich als Kunde sofort an, dass Ihr Essen ebenfalls unsauber ist. Am Ende hole ich mir bei Ihnen noch eine Lebensmittelvergiftung. Wieder nicht fair? Egal. Der Kunde denkt so und geht weg.

Ein anderes Beispiel von Dummheit: „Wir wollen nur das Beste für unsere Kunden (Aber, bitte, schauen Sie unsere Toiletten lieber nicht so genau an …).“

Kleinigkeiten sind wichtig

Waren Sie schon mal in einem Restaurant, in dem es so penetrant nach Reinigungsmitteln riecht, dass der Geruch sogar den der Speisen überdeckt? Ist ja schön, dass man den Tisch sorgfältig abgewischt hat, nachdem der letzte Gast hier saß, aber ich will das Desinfektionsmittel nicht dauernd riechen. Nun denken Sie vielleicht: Dann iss halt in besseren Restaurants, da passiert Dir das nicht. Das tu ich auch meistens. Aber auch ich esse hin und wieder gern Fastfood, und wo es das gibt, gibt's nun mal keine Tischdecken oder Teppiche, sondern nur Resopaltische und Linoleumböden.

Hier sind ein paar weitere wichtige Kleinigkeiten:

Klopapier auf dem Fußboden, oder schlimmer, kein Klopapier vorhanden, wo man es braucht.

Krümel auf dem Boden.

Abgeblätterte Farbe an Türrahmen oder Türpfosten.

Ein Angestellter mit zerknittertem Hemd.

Ein Angestellter mit Schweißgeruch, fettigen Haaren oder schmutzigen Schuhen.

Eine weitere kleine Anekdote, damit Sie verstehen, was ich meine: Ich esse für mein Leben gerne Miesmuscheln. Das heißt, ich *habe* sie gern gegessen. Eines Tages war ich mit meiner Familie in einem aus-

gezeichneten kleinen Fisch-Restaurant essen und bestellte Miesmuscheln. Der Kellner bemühte sich sehr um uns, roch aber leider so
schlecht, dass ich mich schließlich gezwungen sah, mir jedes Mal,
wenn er an unserem Tisch vorbeikam, eine Scheibe Zitrone unter die
Nase zu halten. Das machte mir das ganze Essen kaputt. Von jenem
Tag an war ich nie wieder in diesem Restaurant. Das allein wäre ja
nicht so tragisch. Aber seit dem Tag habe ich nie wieder Miesmuscheln gegessen. Das negative Erlebnis hat mich so sehr geprägt,
dass ich bis zum heutigen Tag keinerlei Appetit mehr auf eines meiner früheren Leibgerichte habe.

Kleinigkeiten sind wichtig. Sie zeigen, wie viel Respekt Sie vor Ihrer Firma, Ihren Kunden und Kollegen haben. Und wie meine kleine
Story zeigt, können auch Kleinigkeiten dauerhafte Wirkungen aus-
lösen.

Jetzt sagen Sie vielleicht: „Ist ja alles gut und schön. Aber bei uns
im Geschäft ist es anders. Wir sind eine Fabrik (oder ein Lager oder
…), da geht es nun mal nicht ganz so sauber zu. Wir sind hier ja nicht
im Büro …"

Klare Antwort meinerseits. Das ist mir egal. Kleinigkeiten sind
wichtig – ohne Wenn und Aber. In jedem Fall entscheidet mein Eindruck, den ich als Kunde von Ihrem Betrieb gewinne, darüber, ob ich
Ihnen vertraue oder nicht, ob ich Ihnen mein Geld gebe oder nicht.

Es ist kein Hexenwerk

Erlauben Sie Ihren Angestellten nicht, vor der Eingangstür der Firma zu rauchen. Ihre Eingangstür ist das Portal zur ‚Service-Kathe-
drale' und keine Räuberhöhle.

Bestehen Sie darauf, dass die Schreibtische alle sauber gehalten
werden. Dulden Sie keine Ausreden. Wenn die Leute behaupten, ein
unordentlicher Schreibtisch sei eben ihr persönlicher Stil, dann lügen

sie. Ein unordentlicher Arbeitsplatz steht für unordentliche Arbeit. Eine schlampige Arbeitsumgebung bringt schlampige Arbeitsergebnisse hervor.

Kleiden Sie sich arbeitsplatzgerecht. Versuchen Sie, möglichst gepflegt und gut auszusehen. Der Freizeitlook an Freitagen ist eine üble Erfindung. Jeans gehören nicht in ein Büro. Die Produktivität leidet, wenn die Leute sich nicht mehr ihrer Position gemäß anziehen.

Feuern Sie jeden Angestellten, der Kollegen, Kunden oder seinem Arbeitsplatz bei Ihnen offensichtlich nicht den gehörigen Respekt entgegenbringt.

Larrys Tipps:
So verhalten Sie sich respektvoll

››› Pflegen Sie in Ihrer Organisation Respekt von Grund auf.

››› Respektieren Sie Ihre Arbeitskollegen, vor allem in Anwesenheit von Kunden.

››› Respektieren Sie Ihre Kunden, vor allem in Anwesenheit anderer Kunden.

››› Respektieren Sie Ihre Konkurrenten, vor allem in Anwesenheit von Kunden.

››› Respektieren Sie Firmengebäude und Firmengelände.

››› Denken Sie immer daran: Der erste Eindruck, den Kunden von Ihrer Firma bekommen, zählt. Auch Kleinigkeiten sind wichtig.

KAPITEL 9

„Eine große, glückliche Familie"

Ich bin immer skeptisch, wenn mir Firmenbesitzer oder Geschäftsführer erzählen wollen, ihre Firma sei wie eine große, glückliche Familie. Diese Leute sind entweder blind oder dumm. Man braucht keine fünf Minuten im Betrieb herumzulaufen, und schon merkt man, dass viele der Angestellten alles andere als einen glücklichen Eindruck machen. Aber was heißt schon Familie. Die meisten Menschen vertragen sich nicht mit ihren Geschwistern, hassen ihre Eltern und halten ihre Vettern und Kusinen für hirnlose Deppen.

Wie steht es mit Ihrer Familie? Jetzt lügen Sie mich nicht an. Wie glücklich ist Ihre Familie im Allgemeinen? Die traurige Wahrheit ist wahrscheinlich: Ihre Familie ist ziemlich kaputt. Macht nichts; fast alle Familien sind ziemlich kaputt. In der Hinsicht, aber nur in dieser, ist Ihr Betrieb wie eine Familie.

Ihr Unternehmen ist keine große, glückliche Familie. Sie arbeiten miteinander – das ist alles. Nicht mehr und nicht weniger. In einer Familie muss man zusehen, dass man miteinander zurechtkommt. Am Arbeitsplatz ist das etwas anderes. In einer Familie kann die Mutter verlangen, dass Du zur Geburtstagsfeier Deines blöden Schwagers gehst. In der Arbeit sollte Ihr Chef das lieber nicht tun. Sehen wir uns

diese ganzen Firmen-Parties doch mal nüchtern an. Zu jedem möglichen und unmöglichen Anlass gibt's einen Umtrunk: Wenn jemand
aus der Firma heiratet, ein Baby bekommt oder das Baby die ersten
Zähnchen kriegt, und so weiter. Ich habe die Nase voll von dem
Quatsch. Sie nicht? Warum sollen Sie den Geburtstag einer Kollegin
oder eines Kollegen feiern, wenn Sie sie oder ihn am liebsten gar nicht
kennen gelernt hätten? Stattdessen stehlen wir unserer Firma Zeit und
Geld, indem wir uns bei jeder Gelegenheit im Pausenraum im Kreis
versammeln und irgendwas feiern. Was soll das? Wer feiern will, kann
das in seiner Freizeit tun. Und wer nicht mitfeiern will, sollte deshalb
nicht ausgegrenzt und als Spielverderber angesehen werden.

Soll das heißen, dass ich etwas gegen Freundschaften am Arbeitsplatz habe? Natürlich nicht. Die meisten meiner Freunde habe ich
bei der Arbeit kennen gelernt. Aber das bedeutet nicht, dass ich
mich mit jedem Kollegen anfreunden muss. Also möchte ich auch
nicht, dass man das von mir erwartet.

Wir sind keine Familie. Wir sind nicht miteinander verwandt. Ich
muss Sie nicht mögen. Ich muss nicht all meine Zeit mit Ihnen verbringen. Ich muss lediglich mit Ihnen zusammenarbeiten. Das ist
alles. Alles andere ist meine freie Wahl.

Man erwartet von Ihnen, dass Sie der Person, mit der Sie zusammenarbeiten müssen, Toleranz entgegen bringen, Und zwar so viel
Toleranz, dass Sie Ihre Arbeit (das, wofür Sie bezahlt werden) gemein-
sam erledigen können. Alles, was darüber hinausgeht, ist freiwillig.

Warum kommen wir nicht miteinander aus?

Die Antwort lautet: Klar könnten wir. In einer perfekten Welt
kommt jeder mit jedem wunderbar klar. Aber leben Sie in einer
perfekten Welt? Ich nicht. Meine Welt war und ist leider nicht perfekt, egal, wie sehr ich es mir wünschte. Meine Welt ist leider voll

von Leuten, mit denen ich nur schwer zurechtkomme. Eigentlich möchte ich die meiste Zeit über gar nichts mit ihnen zu tun haben. Meine Welt ist nämlich voll von Idioten.

Aber man muss eben auch mit Idioten zusammenarbeiten können. Man hat keine andere Wahl. Das gehört mit zum Job. Die Welt ist voll von Idioten, Ihr Arbeitsplatz auch. Es ist nun mal so: Kaum ist man mal einen von den Dummköpfen losgeworden, kommt schon der nächste und nimmt seinen Platz ein. Es ist die Geißel der Menschheit. Das Einzige, was man tun kann, ist, diese Leute möglichst schnell herauszufinden und zu lernen, wie man so gut wie möglich mit ihnen klar kommt. Ich habe nicht gesagt, man müsse lernen, sie zu mögen – das wäre für mich zum Beispiel schlichtweg nicht möglich. Ich sage nur, man muss lernen, mit ihnen auszukommen.

Es gibt alle möglichen Regeln, mit anderen Leuten auszukommen. Ich gebe Ihnen ein paar von meinen mit. Aber bevor ich Ihnen erkläre, wie Sie meiner Meinung nach mit Idioten besser zurechtkommen, will ich Ihnen zeigen, wie man sie erkennt.

Ich gebe Ihnen im Folgenden ein paar Beispiele von Typen, aber die Liste erhebt natürlich keinen Anspruch auf Vollständigkeit. Kaum habe ich alle Typen, die ich so kenne, identifiziert, kommt ein Typ daher, der auch einer ist, aber nicht in dieses Schema passt.

Der Lügner. Mein Vater hat immer gesagt: „Besser, Du hast einen Dieb in Deiner Firma als einen Lügner. Den Dieb kannst Du zumindest im Auge behalten." Das habe ich nie vergessen. Deshalb toleriere ich keinen, der mich anlügt. Sobald ich merke, dass mich jemand anlügt, entlasse ich ihn sofort. Punkt. Keine Fragen mehr, keine Verhandlungen. Ich rate Ihnen, es auch so zu machen. Sie finden das zu streng? Ich nicht. Lügen ist eine Charakterschwäche, die jedes Vertrauen zerstört, und wenn Sie den Leuten, mit denen Sie zusammenarbeiten müssen, nicht vertrauen können, sind Sie sowieso am Ende. Es ist mir egal, wie klein und unbedeutend die Lüge ist. Eine Lüge ist eine Lüge. Und eine Person, die schon bei Kleinigkeiten lügt, lügt erst recht bei wichtigeren Dingen.

Die Heulsuse. Entschuldigen Sie die weibliche Form, aber dieser Typ ist überwiegend weiblichen Geschlechts. Ich habe nichts gegen Frauen und bin kein Sexist, aber es ist nun mal so. Ich habe in meinem Leben tausende von Arbeitnehmern gehabt, die angefangen haben zu weinen, und nie war ein Mann darunter. Das beste Filmzitat, das mir spontan dazu einfällt, stammt von Tom Hanks aus dem Film *Eine Klasse für sich (A League of Their Own)*: „Beim Baseballspielen weint man nicht!" Auch im Geschäftsleben weint man nicht. Weinen ist nichts anderes als eine Form von Manipulation. Ja, ich weiß, manchmal ist Weinen eine ehrliche emotionale Reaktion auf ein wichtiges, erschütterndes Ereignis. Ein Kollege, der Ihre Gefühle verletzt, ist aber kein wichtiges, erschütterndes Ereignis. Auch eine schlechte Bewertung im Job ist keines. Wenn Sie einen Anruf bekommen, dass Ihr Haus abgebrannt oder Ihr Hund davongelaufen oder ein Ihnen nahe stehender Mensch gestorben ist, dann dürfen Sie meinetwegen weinen. Vielleicht weine ich dann sogar mit Ihnen. Alles andere ist nur Theater. Versuchen Sie, darüber hinweg zu kommen, und Schluss.

Wenn Sie Manager sind und jemand vor Ihnen sitzt und zu weinen anfängt, geben Sie der Person ein Taschentuch und warten Sie geduldig, bis es vorüber ist. Lassen Sie sich nicht von diesem unfairen Manipulationsversuch verführen. Selbst wenn Sie Verständnis für die Problematik haben, bleiben Sie in der Sache hart. Sie haben eine Firma zu leiten, keinen Kindergarten.

Mister Happy, Mister Lächler, Mister Positiv, Mister Alles-hat-sein-Gutes, Mister Es-gibt-ein-Licht-am-Ende-des-Tunnels, Mister Cliché und wie sie alle heißen. Kennen Sie diesen Typ nicht? Ich nenne ihn heimlich Mister Übelkeit. Manchmal muss man sich dieses dämliche Dauergrinsen vom Gesicht wischen und sich mit grimmigem Blick an die Arbeit machen! Manchmal ist das berühmte Licht am Ende des Tunnels ... ein Zug. Nicht jede graue Wolke hat Ihr Gutes; sie kann auch einen Hurrikan ankündigen. Der gute Mister Positiv kann auch ein ‚positiver' Dummkopf und Faulpelz sein. Auch wenn Ihnen die Motivationsgurus etwas anderes erzählen – die positive Einstellung ist nicht alles, was man braucht, sondern nur ein Teil davon; früher oder später ist jeder gezwungen, seinen Hintern zu erheben und zu arbeiten!

Habe ich etwas gegen positives Denken gesagt? Absolut nicht! Ich sage nur, dass es eine Menge Leute gibt, die mehr Zeit mit positivem Denken verbringen als damit, ihre Arbeit zu machen. Manchmal hat man die Schnauze voll von diesen Positivlingen. Manchmal ist einem ein grimmiger Typ lieber, dem dieses Halbherzige, Inkompetente auf den Wecker geht und der stattdessen richtig arbeiten möchte. Jemand, der vielleicht negativ drauf ist und deshalb verlangt, dass die Dinge sofort und richtig angepackt werden, ohne lang zu fackeln. Wenn ich zwischen Mister Positiv und dem Grimmigen wählen muss, weiß ich jedenfalls, wen ich wähle.

Susi Süßholz. Sie ist so süß und niedlich, dass man kotzen könnte. Kennen Sie sie? Bestimmt. Hüten Sie sich vor dem Fräulein. Sie und ihre Artgenossen haben mir mehr als einmal hinterrücks ein Messer in den Rücken gerammt, und das häufiger als alle anderen Typen, die ich hier nenne. Sie kann Sie um den Finger wickeln. Und es gibt sie in zweierlei Ausführung, als Frau und als Mann. Sie sind so lieb und nett und wollen Dein bester Freund sein ... solange Du da bist. Aber wehe Dir, Du drehst Dich kurz um.

Der Tyrann. Den Typ gibt es in allen Größen und Erscheinungsformen. Im Geschäftsleben ist es nicht mehr nur der große, breitschultrige Kerl wie in der Grundschule. Manchmal ist es der schmächtige, grauhaarige Pförtner, der schon seit 40 Jahren in der Firma ist. Oder es ist der Typ, der den Schlüssel zum Lagerraum hat und dafür sorgt, dass immer alles aus ist, wenn man es braucht. Manchmal ist es auch der Boss.

Tyrannen haben zerbrechliche kleine Egos und finden mit ihren Talenten nicht genug Bestätigung, daher verwenden sie alles, was sie sonst noch haben, als Druckmittel. Wenn der Tyrann der Boss ist, wird er Sie mit seiner Position erpressen: „Tun Sie gefälligst, was ich sage, schließlich bin ich hier der Boss." Auch wenn es absolut keinen Sinn hat, müssen Sie es so machen, weil er es angeordnet hat. Wie kommt man mit solchen Typen zurecht? Ähnlich wie schon als Kind auf dem Schulplatz. Man stellt sich ihnen in den Weg. Dieser Typ bricht fast immer in sich zusammen, wenn er merkt, dass ein anderer sich der Auseinandersetzung mit ihm stellt. Das Wichtigste ist, vor so einem keine Angst zu haben. Tyrannen bauen darauf, dass man sich vor ihnen fürchtet, und im Vertrauen darauf machen sie ihre Machtspielchen. Seien Sie konsequent und logisch, werden Sie nicht ausfällig und sorgen Sie dafür, dass Sie immer etwas Geld auf der hohen Kante haben, falls Sie eines Tages gefeuert werden.

Das Klatschmaul. Dieser Typ weiß alles über alle im Betrieb. Er oder sie ist normalerweise nicht sehr produktiv, weil schon genug damit beschäftigt, anderer Leute Angelegenheiten in Erfahrung zu bringen. Solche Zeitgenossen telefonieren viel, wandern viel herum und bekommen jede Menge E-Mails. Erinnern Sie die Tratschtanten daran, dass Sie sie für ihre Ergebnisse, nicht für ihren Klatsch bezahlen. Belohnen Sie nie ein Klatschmaul dadurch, indem Sie sich den ganzen Klatsch anhören. Deswegen sammeln sie ja den Klatsch – um ihn anderen brühwarm weiter zu erzählen. Spielen Sie da nicht mit, und halten Sie sich lieber heraus.

Der Dummkopf. Davon gibt es gleich mehrere Unterformen:

Der Schlaumeier. Dieser Typ muss immer irgendeine schlaue Bemerkung loswerden und zu allem seinen Senf dazugeben. Wenn er gut gelaunt ist, kann er damit Spannungen abbauen, was oft ganz gut ist. Aber wenn er es auf die gemeine, sarkastische Art macht, wird dadurch nichts erreicht und alle sind nur genervt.

Der Überkorrekte. Meine Frau Rose Mary hat einmal bei einer Frau gearbeitet, die in der Firma den Ruf hatte, sehr streng zu sein. Sie wusste es und war auch noch stolz darauf. Sie war ein Workaholic und lebte nur für ihre Arbeit. Im Grunde ihres Herzens war sie wohl ganz nett, aber gleichzeitig nervte sie alle furchtbar. Sie wusste das genau und fasste es als Auszeichnung auf. Eines Abends, anlässlich einer Betriebsfeier, gab sie damit an. Da ich ja als schüchterner, zurückhaltender Mensch bekannt bin, fragte ich sie, warum sie so sei. Da hielt sie mir einen Vortrag über die Firma – dass dies ein Geschäft sei und kein Hokuspokus, und dass die Leute hier gefälligst so viele Piepser wie möglich verkaufen sollten; dass sie verlange, dass jeder hier das so ernst nehme soll wie sie selbst, und so weiter. Ich sagte darauf: „Hey, es sind doch nur Piepser. Meines Wissens brauchen nur Ärzte, Drogenhändler und Internet-Freaks so was. So etwas bekomme ich, wenn ich will, an jeder Straßenecke, nicht nur hier in Ihrer wichtigen Firma. Wir reden hier nicht über große Dinge wie den Weltfrieden, die hungrigen Kinder in Afrika oder so – nur über harmlose Piepser! Jetzt werden Sie doch mal locker!"
Sie verstand mich überhaupt nicht. Mir ging es mit ihr nicht anders. Kleiner Tipp: Es ist schon gut, wenn Sie sich mit Ihrer Firma identifizieren und mit Leidenschaft bei der Sache sind; aber entspannen Sie sich auch mal und werden Sie nicht überkorrekt.

Der Arschkriecher. Dieser Typ ist leicht an seiner braunen Nase zu erkennen. Er ist in der Regel der netteste Kollege, jedermanns Liebling. Er will einfach nur, dass alle miteinander gut klar kommen und jeder jedermanns Freund ist. Jede neue Idee findet er riesig. Er will, dass man ihn mag. Er will jeden im Betrieb glücklich machen. Er erzählt Ihnen die ganze Zeit, was für einen großartigen Job Sie machen, wie intelligent Sie sind, wie sehr er Sie bewundert und wie gerne er mit Ihnen zusammenarbeitet. Passen Sie bei solchen Leuten auf. Sie sind vermutlich unehrlich und reden hinter Ihrem Rücken schlecht über Sie.

Der Dämliche. Er heißt nicht umsonst so – er ist tatsächlich ein Vollidiot. Diese armseligen Menschen sind einfach ungeeignet zum Arbeiten. Sie reden dummes Zeug, tun Dummheiten – kurz, man kann nicht viel mit ihnen anfangen und muss sie so nehmen, wie sie sind. Tun Sie das, und hoffen Sie, dass Sie nicht allzu oft auf solche Leute angewiesen sind.

Der Schönling. Sie kennen diesen Typ: Sieht besser aus, als es für sie oder ihn selbst gut ist, und auf jeden Fall zu gut, um viel zu arbeiten. Leute wie er versuchen einfach, sich auf ihr Aussehen zu verlassen und sich damit überall durchzumogeln. Es gibt aber nicht nur Frauen, die das meisterlich beherrschen, sondern auch Männer können mit ihren perfekten Zähnen, Haaren und Six-Pack-Bauchmuskeln glänzen. Ob ich neidisch auf sie bin? Na, und ob! Ich konnte mir das nie erlauben. Ich musste ganz einfach gute Ergebnisse erbringen. Und ich finde, das sollten andere auch!

Ob ich etwas gegen gut aussehende Menschen habe? Nein, überhaupt nicht. Aber ich bin der Meinung, am Arbeitsplatz zählt die Leistung und nicht die Figur oder das Aussehen.

Der Respektlose. Dieser Typ hat keinen Respekt vor den Meinungen, Ideen, Worten, Handlungen, Leistungen, der Persönlichkeit oder dem Rang anderer Leute – und zeigt das auch ganz unverhohlen. Wenn so jemand für Sie arbeitet, dann feuern Sie ihn gleich. Das Leben ist einfach zu kurz, um sich mit einem solchen Menschen herumzuärgern. Wenn Sie für so einen Typen arbeiten müssen, hören Sie auf und suchen Sie sich einen anderen Job. Das Leben ist zu kurz, um sich dauernd von so einem herunterputzen zu lassen. Wenn Ihr Kollege einer ist, lassen Sie sich, wenn möglich, versetzen. Wenn das nicht geht, gehen Sie auf größtmögliche Distanz. Und machen Sie ihm klar, dass er so nicht mit Ihnen umspringen darf. Wenn auch das nicht klappt, kündigen Sie und suchen Sie sich eine neue Stelle. Wie gesagt: Das Leben ist zu kurz, um …

„Ich hab's kapiert, Larry. Aber was soll ich machen?"

Idioten sind mit sich selbst beschäftigt. Sie interessieren sich nicht für Sie, und auch nicht für die Firma. Solche Leute interessieren sich nur für eines, nämlich für sich selbst. Sie haben ein zerbrechliches Ego, das ständig nach Nahrung sucht. Sie sind so, wie sie sind, auch zu Hause in ihrer Familie und unter Freunden, sofern sie überhaupt welche haben. Wie auch immer, mein Rat ist: Geben Sie ihnen nicht die Aufmerksamkeit, nach der sie so verzweifelt lechzen, egal, wie ausdauernd sie sie einfordern.

Idioten haben normalerweise ein sehr selektives Gedächtnis. Schreiben Sie alles Wichtige auf. Der mit den besten Notizen gewinnt. Wenn Sie auf Konfrontationskurs zu einem Idioten gehen müssen, schützen Sie sich immer durch eine lückenlose Dokumentation.

Lassen Sie nicht zu, dass die Sache auf eine emotionale Ebene gerät, dass der Idiot Ihnen „unter die Haut geht". Ich weiß, das ist leichter gesagt als getan. Aber sobald Sie sich aufregen, übernimmt der Idiot die Kontrolle und gewinnt. Ab dem Moment, wo Sie diesen Leuten ein Stück von Ihrer Person geben, lassen sie Ihnen keine Ruhe mehr.

Meiden Sie Idioten nicht. Man muss mit ihnen klar kommen. Für mich ist das kein Problem, ich mag die Konfrontation. Ich habe kein Problem damit, jemandem fest in die Augen zu schauen und zu sagen: „Sie sind ein Idiot, und das toleriere ich nicht!" Aber die meisten Leute mögen Konflikte nicht. Sie würden alles andere lieber tun, als in eine Konfrontation zu gehen. Aber es muss sein. Wenn nicht, dann sind Sie gleich erledigt und werden zum Fußabstreifer degradiert. Greifen Sie das Problem sofort auf und sprechen Sie es offen an. Reden Sie mit Idioten in einem ruhigen, dienstlichen Ton. Mit anderen Worten, rufen Sie sie zur Ordnung. Das steht nicht im Widerspruch zur vorher erwähnten ruhigen Tonlage, denn diese macht die Situation für Sie erst beherrschbar. Es geht darum, dass der Idiot weiß, was Sie wollen und sich Ihnen nicht überlegen fühlt, weil Sie seine Dummheit ignorieren. Ich glaube nicht, dass man Dummheit ignorieren sollte. Ich glaube, man muss sich ihr stellen, sie offen ansprechen und sie dann so schnell wie möglich hinter sich lassen.

Idioten neigen zum Manipulieren. Sie manipulieren Ideen, Geschichten, Fakten und Beziehungen zu ihren Gunsten. Weisen Sie sie offen darauf hin, auch Ihren Chef, falls er der Urheber einer Manipulation ist. Ich schlage vor, dass Sie in einem Vier-Augen-Gespräch hinter verschlossenen Türen alles offen ansprechen. Es ist heikel und kann Ihnen danach einen schlechten Ruf einbringen, aber Sie müssen es tun, wenn Sie Ihre eigene seelische Gesundheit und persönliche Integrität wahren und behalten wollen. Wenn die Manipulation von einer Ihrer Angestellten ausgeht, sagen Sie ihr klar, dass Sie ihre Taktik durchschaut haben und dass sie nicht aufgehen wird.

Lassen Sie sie wissen, dass Sie sie fortan im Auge behalten werden und dass es für Verfehlungen, die sich aus der Manipulation ergeben, von Ihrer Seite keine Gnade gibt.

Die einzig sinnvolle Regel für den Umgang mit Idioten

Begeben Sie sich nie auf ihr Niveau herab – denn genau das wollen sie erreichen. Versuchen Sie, sich über sie zu erheben. Ignorieren Sie sie oder lachen Sie sie aus, wenn sie wütend werden, aber kämpfen Sie nicht mit ihnen. Spielen Sie nicht ihr Spiel. Denken Sie immer daran, dass sie das Spiel erfunden haben und dass sie es gewinnen werden, wenn Sie sich auf ihr Niveau herablassen.

Wie sagt mein Freund John Patrick Dolan, ein Rechtsanwalt, Redner, Autor, TV-Prominenter und Experte für Verhandlungen, immer so schön: „Wenn Sie mit einem Schwein kämpfen, werden Sie beide dreckig ... aber dem Schwein gefällt's!"

Die unangenehme Wahrheit: Manchmal sind auch Sie ein Idiot

Ja, das sind Sie. Geben Sie sich keine Mühe, sich zu verteidigen. Jeder einzelne Charakterzug, den ich eben beschrieben habe, existiert auch irgendwo in Ihnen. Vielleicht nicht so extrem, dass er Tag für Tag sichtbar wird, aber gelegentlich kommt er zum Vorschein. Auch Sie haben schon manipuliert, auch Sie sind schon als Tyrann, Heulsuse, Jasager oder sonstwas in Erscheinung getreten. Die gute Nachricht ist: Wenn Sie die Typen kennen und sie wieder erkennen, erkennen Sie auch deren Charakterzüge in sich selbst wieder und können schneller gegensteuern.

Fehler können passieren

Haben Sie schon einmal einen richtig kostspieligen Fehler began-gen? Haben Sie schon einmal richtigen Murks gemacht? Ich schon. Und ich habe es auch schon von diversen Angestellten erlebt. Ich hatte jemanden, der für mich arbeitete, der jede Menge Mist ge-baut hat. Sein Spitzname war Cowboy. Wenn ich die Stadt verlassen und auf Geschäftsreise gehen musste, musste ich ihm die vollstän-dige Kontrolle über meine Angelegenheiten geben. Ich gab ihm dann immer eine Liste der Sachen, die er bis zu meiner Rückkehr erledigen sollte. Diese Liste behandelte Cowboy wie das Evangelium. Er versenkte sich hinein und erledigte alle Punkte gewissenhaft. Sei-ne Methoden waren nicht immer die klügsten, aber er arbeitete alles ab. Allerdings machte er dabei auch eine Menge Fehler. Was ihn dabei jedes Mal rettete, war, dass er nach meiner Rückkehr in mein Büro kam, die Tür zumachte und mir sagte, er habe alles erle-digt, aber dabei auch einiges falsch gemacht. Er sagte mir offen und direkt, was er falsch gemacht hatte. Er sagte mir, wenn er wütend geworden war oder jemand anderen wütend gemacht hatte oder im Nachhinein das Gefühl hatte, er hätte es anders machen sollen. Er übernahm für sein Handeln die Verantwortung.

Das ist das Wichtigste, wenn Sie Fehler machen: Übernehmen Sie die Verantwortung für das, was Sie getan haben.

Wenn Sie Manager sind und einer von Ihren Angestellten auf Sie zukommt und zu Ihnen sagt: „Ich bin ein Idiot. Ich habe das und das falsch gemacht, und es tut mir leid", dann seien Sie froh über seine Ehrlichkeit. Nur wenige Menschen tun das.

Wenn etwas schief geht

Manchmal läuft etwas gründlich schief. Oder, wie man so sagt: „Ich hab´s vergeigt." Was können, was sollten Sie dann tun?

1. Entschuldigen Sie sich für das schlechte Gesamtergebnis. Niemand fängt Streit an mit jemandem, der sich ehrlich entschuldigt.
2. Erklären Sie, warum es nicht so geklappt hat, wie es sollte.
3. Übernehmen Sie für Ihren Teil der Gründe die Verantwortung. Das heißt, übernehmen Sie die volle Verantwortung für das, was Sie getan haben, aber nicht für das Ganze – außer, es war einzig und allein Ihre Schuld. Weisen Sie jetzt darauf hin, dass Sie beim Zustandekommen der Ergebnisse eine Rolle gespielt haben, dass es aber auch noch andere Faktoren gab. Dies ist nicht die richtige Zeit dafür, mit dem Finger auf andere zu deuten und denen alles in die Schuhe zu schieben. Es geht um eine ehrliche Bestandsaufnahme dessen, was alles schief gelaufen ist und Ihre Rolle bei dem ganzen Vorgang.
4. Überlegen Sie sich, wie man das Problem lösen könnte. Tun Sie dies in jedem Fall. Gehen Sie nicht einfach in das Büro Ihrer Chefin, und werfen Sie ihr das Problem nicht einfach auf den Schoß, nach dem Motto: „Da – jetzt ist es Ihr Problem!" Überlegen Sie nicht lange, wie Sie sich aus der Affäre ziehen könnten. Überlegen Sie sich lieber, wie das Problem zu lösen ist. Entwickeln Sie Ideen und machen Sie einen Plan, wie Sie aus dem Schlamassel wieder herauskommen. So können Sie die Diskussion weg vom Problem an sich und hin zur Lösung lenken. Gute Führungskräfte sind mehr an Lösungen als an Problemen interessiert. Schon allein dieser entscheidende Schritt kann Sie vor schlimmen Folgen bewahren.

Einmal Idiot, immer Idiot?

In der Regel gilt dieser Satz schon. Meine Lebenserfahrung hat mir gezeigt, dass Idioten immer Idioten bleiben werden. Das hat sein Gutes und sein Schlechtes. Das Schlechte daran ist, dass man diese Sorte Menschen nicht ändern kann. Wenn Sie das früh genug einsehen, ersparen Sie sich enorm viel Zeit, Ärger und Energie. Das Gute daran ist, dass Idioten sehr berechenbar sind. Man weiß oft im Voraus, wie sie auf viele Situationen reagieren und kann sich schon darauf einstellen. Selbst wenn Unberechenbarkeit ihre Haupteigenschaft sein sollte, können Sie sich auch darauf einstellen.

Eines der Dinge, die ich im Umgang mit allen möglichen Menschen gelernt habe, ist: Menschen ändern sich – aber nicht oft. Die Menschen ändern sich nur, wenn sie selbst es wollen, nicht wenn andere es wollen. Die meisten Idioten sehen sich selbst nicht als Idioten an und sehen daher bei sich gar keinen Veränderungsbedarf. Sie sehen und verstehen es nicht, auch wenn man sie darauf hinweist. Idioten sind meistens blind, was sie selbst anbetrifft.

Nun möchte ich noch ein anderes Thema ansprechen, das sonst nirgendwo in dieses Buch passt:

Sexuelle Belästigung – was ist das?

> *„Sie sehen heute aber hübsch aus."*
> *„Tolles Outfit."*
> *„Haben Sie eine neue Frisur?"*
> *„Ist das ein neues Parfum? Riecht sehr angenehm."*
> *„Oh, was für schicke Schuhe!"*
> *„Hey, Sie sehen super aus!"*

All das sind Komplimente, keine sexuelle Belästigung. Ein Kompliment ist, wenn jemand etwas Nettes zu Ihnen sagt, weil er eben etwas Nettes zu Ihnen sagen möchte. Oder wenn jemand wirklich toll findet, was Sie anhaben und wie Sie heute aussehen.

Aussagen wie diese können allenfalls als Flirtversuch ausgelegt werden. Sie wissen doch, was Flirten ist, nicht wahr? Das ist, wenn jemand etwas Nettes zu Ihnen sagt, weil sie oder er Sie attraktiv findet. Vielleicht will die Person Sie ein bisschen ausfragen. Vielleicht würde sie auch gern mehr Zeit mit Ihnen verbringen. Vielleicht mag sie Sie einfach und möchte nett zu Ihnen sein.

Aber Aussagen wie diese und Millionen andere sind *keine* sexuelle Belästigung. Was ist sexuelle Belästigung? Sprüche wie dieser: „Hey, Baby, kommst Du mal mit ins Lager? Übrigens, wenn Du nicht mitkommst, dann feuere ich Dich." *Das* ist sexuelle Belästigung.

Eine unpassende Bemerkung über Körperteile ist sexuelle Belästigung. Ungewolltes Berühren ist sexuelle Belästigung. Sie wissen, was damit gemeint ist. Es ist so wie mit den meisten Dingen im Leben: Wenn Sie sich erst fragen müssen, ob etwas eine sexuelle Belästigung war oder nicht, wissen Sie die Antwort vermutlich schon selbst. Kennen Sie zum Beispiel einen dreckigen Witz? Bestimmt kennen Sie einen. Haben Sie sich schon mal gefragt, ob Sie ihn jetzt erzählen sollen, ob es gerade passt? Haben Sie sich umgesehen, sich überlegt, wo Sie gerade sind und wer noch alles da ist und sich gefragt, ob Sie ausgerechnet hier und jetzt Ihren neuesten schmutzigen Witz zum Besten geben sollen? Wenn Sie es getan haben, kennen Sie bereits die Antwort. Die Tatsache, dass Sie fragen mussten, zeigt, dass Sie wissen, wann etwas angemessen ist und wann nicht. Dasselbe gilt auch für sexuelle Belästigung. Wenn es wirklich sexuelle Belästigung ist, werden Sie es merken. Das ist so ähnlich wie mit der Haltung des Bundesgerichtshofs zur Pornografie.

Darf ich das tun oder nicht?

Ich bin kein Jurist und habe keinen gefragt, als ich dieses Buch geschrieben habe. Also stellen Sie mich bitte wegen meiner Aussagen nicht an den Pranger. Es geht hier nicht um Recht und Gesetz.

Es geht in diesem ganzen Buch nicht um Recht und Gesetz. Es geht nur um den gesunden Menschenverstand. Und ich hoffe, Sie haben welchen.

Wenn jemand mit Ihnen flirtet, an dem Sie nicht interessiert sind, sagen Sie es einfach oder geben Sie irgendwie zu erkennen, dass Sie nicht interessiert sind. Das ist am Arbeitsplatz nicht anders als an der Bar, im Fitness-Studio, auf der Straße, im Flugzeug oder in der Kirche.

Wenn jemand etwas zu Ihnen sagt, das Sie beleidigend finden, dann sagen Sie es. Stellen Sie sich der Situation und sagen Sie in klaren, unmissverständlichen Worten, was Sie stört. Tun Sie das zu Beginn unter vier Augen. Die meisten Dinge kann man in ruhiger, kollegialer Atmosphäre besprechen, indem Sie ganz klar sagen, wie Sie sich fühlen. Sie wissen, wie man das macht. Machen Sie aus einem einfachen Flirtversuch keinen Gesetzesverstoß! Benehmen Sie sich wie ein erwachsener Mensch!

Erinnern Sie sich an das alte Sprichwort: „Nicht dran denken, und es tut nicht mehr weh!" Lernen Sie, dumme Bemerkungen von sich abprallen zu lassen. Die meisten Bemerkungen verschwinden so schnell, wie sie gekommen sind, wenn Sie ihnen keine Beachtung schenken. Oder wenn Sie nur kurz darüber lachen. Sie merken selbst, wann es ernst wird und wann Sie etwas dagegen unternehmen müssen.

Wenn jemand zu Ihnen sagt, Sie sähen nett aus, dann tun Sie, was Sie in solchen Fällen immer tun sollten. Sagen Sie einfach: „Danke." Wenn Sie aber jemand unaufgefordert am Hintern berührt, gehen Sie zum Chef und melden Sie es. Übrigens habe ich mit voller Absicht „unaufgefordert" gesagt. Fordern Sie nicht zu solchen Handlungen auf, flirten und necken Sie nicht zurück, sonst nimmt Sie jemand vielleicht ernster, als Ihnen lieb ist. Noch einmal: Handeln Sie nach Ihrem gesunden Menschenverstand.

An die Frauen

Liebe Frauen, wir Männer sind Idioten, wenn es um den Umgang mit Euch Frauen geht. Wir denken zu oft nicht mit dem Kopf, sondern mit einem anderen Körperteil. Ihr Frauen verwirrt uns, bezirzt uns und macht uns verlegen. Unser Mund und unser Gehirn arbeiten nicht immer synchron, wenn wir Euch sehen. Wir sagen manchmal Dinge, die für uns selbst ganz unschuldig klingen und nur als Kompliment gemeint sind. Wenn Ihr das nicht mögt, lasst es uns wissen. Sagt es uns einfach. Wir werden wahrscheinlich erstaunt sein, weil wir nicht so viel Ahnung von solchen Dingen haben. Sagt es uns, wartet unsere Entschuldigung ab und vergebt uns … bitte.

Manche Männer jedoch haben durchaus Ahnung von solchen Dingen; sie sind listig wie Schlangen und sagen alles Mögliche, um eine Frau herumzukriegen. Ihr Frauen kennt den Typ gut; bestimmt seid Ihr schon mal von einer Schlange gebissen worden. Aber dann werdet Ihr auch uns andere Männer erkennen, denn viele von Euch sind selbst genau solche Reptilien, wie Männer es sein können.

Denken Sie immer an folgende Regel: Menschen sind nun mal Menschen. Manche von ihnen sind echt und nett, interessant und gutmütig und haben Spaß am Flirten. Manche sind dumme, raffinierte Blödmänner. Willkommen in der Welt der Menschen.

Wenn wir einander zu gut verstehen …

Manchmal passiert es, dass man sich von einem Menschen am Arbeitsplatz ehrlich und heftig angezogen fühlt. Das kann vorkommen. Dann will man sich am liebsten mit der betreffenden Mitarbeiterin, Kollegin oder Chefin außerhalb der Arbeit verabreden. Ist das ratsam? Viele sagen, eine private Verabredung mit einer Arbeitskollegin ist tabu und um jeden Preis zu vermeiden. Wahrscheinlich ist es nicht schlecht, diesen Rat zu befolgen. Beziehungen zwischen Kollegen, die in die Brüche gehen, sind oft eine Katastrophe und können das ganze Betriebsklima zerstören. Außerdem sind frisch Verliebte für ihre Umgebung kaum zu ertragen, und der Arbeitsplatz ist wirklich nicht der richtige Austragungsort für eine Romanze mit all ihren Hochs und Tiefs. Daher sind alle schlauen Bücher, Ratschläge und Firmenrichtlinien, denen zufolge man Liebe im Büro unbedingt vermeiden sollte, absolut im Recht. Nehmen Sie sie ernst.

Andererseits habe ich persönlich die Liebe meines Lebens am Arbeitsplatz kennen gelernt. Ich war der Boss ihres Chefs. Unsere Beziehung verstieß gegen alle Regeln unserer Firma und war in vielerlei Hinsicht keine gute Idee. Aber wir verliebten uns nun mal ineinander, und es funktionierte. Wir versteckten es nicht vor den Kollegen und Vorgesetzen, aber wir hielten uns zurück.

Wenn die Firma gesagt hätte, wir sollten kündigen, weil wir eine private Beziehung miteinander haben, hätte einer von uns oder wir beide gekündigt, denn unsere Beziehung war uns wichtiger als der Job. Deshalb bin ich nicht der beste Ratgeber, wenn es darum geht, wie man Romanzen im Geschäft am besten vermeidet. Ich persönlich bin der Meinung, Jobs kommen und gehen, aber die Liebe Ihres Lebens sollten Sie deswegen nicht versäumen oder aufs Spiel setzen. Ich kann mich kaum noch an den Job erinnern, den ich vor 25 Jahren hatte. Aber meine Frau ist immer noch an meiner Seite und wird hoffentlich immer bei mir bleiben.

Ob ich Liebe im Büro gut finde, da ich selbst gute Erfahrungen damit gemacht habe? Nein, ich glaube immer noch, sie ist keine gute Idee. Aber wir sind Menschen. Wir werden für gewöhnlich von unseren Gefühlen gesteuert, nicht von unserem Gehirn. Auch wenn es in Firmen Vorschriften gibt, die besagen, das dürfe nicht passieren, egal, ob es nun eine gute Idee ist oder nicht, es passiert nun einmal. Menschen können sich ,magisch' zueinander hingezogen fühlen. So ist es nun einmal. Mein Rat: Gehen Sie intelligent damit um. Sehen

Sie zu, dass es keinen Einfluss auf die Leistung am Arbeitsplatz hat. Das ist das Wichtigste. Jeder von uns wurde eingestellt, um seine Arbeit zu tun. Wenn das funktioniert, wird der Rest akzeptiert. Wenn die Leistung allerdings nachlässt, wird die Firma die Beziehung dafür verantwortlich machen.

Uns geht es ums Arbeiten. Wird genug verkauft? Werden die Kunden gut bedient? Trägt jeder einzelne das Seine zum Geschäftserfolg bei? Kommen die Leute gut genug miteinander aus, dass alles fristgerecht erledigt wird? Wenn ja, kann alles andere der Firma doch egal sein.

Larrys Tipps:
So kommen Sie mit Idioten zurecht

››› Wir haben alle mit dummen Leuten zu tun. Das ist nicht angenehm, aber es geht uns allen so.

››› Lassen Sie sich nie auf das Niveau von Idioten herab, denn da möchten die Sie hin haben. Erheben Sie sich über sie.

››› Kümmern Sie sich um Ihre eigenen Angelegenheiten. Machen Sie Ihren Job und überlassen Sie die Idioten, so gut es geht, sich selbst.

››› Stellen Sie sich der Konfrontation. Suchen Sie das direkte, klare Gespräch. Alles lässt sich besser regeln, wenn es offen ausgesprochen wird.

››› Seien Sie fair. Jeder hat mal einen schlechten Tag. Überlegen Sie genau, ob es nur ein ‚schlechter Tag' war oder dauerhaft schlechtes, ungehöriges Verhalten.

››› Geben Sie den Menschen in Ihrer Arbeitsumgebung eine Chance. Nicht allzu viele Chancen, aber zumindest ein paar.

››› Seien Sie kein Petzer. Laufen Sie nicht bei jeder kleinsten Gelegenheit zu Ihrem Boss – nur dann, wenn es wirklich ernst ist.

››› Sie und Ihre Arbeitskollegen sind nicht „eine große, glückliche Familie". Sie müssen sie nicht alle mögen. Sie müssen einander nur tolerieren können. Alles darüber hinaus ist ein seltenes Glück.

KAPITEL 10

Arbeitsmoral: Schwarz oder Weiß

Unsere Zeit und unsere Gesellschaft sind von Grautönen geprägt. Ich persönlich halte nicht viel von Grautönen. Ich glaube, das Leben ist entweder schwarz oder weiß. Es ist richtig oder falsch, gut oder schlecht; Sie sind anderen entweder im Weg oder auf einem guten Weg; es heißt entweder Hello oder Good-bye.

Wir jedoch gehen auf einer dünnen grauen Linie in unsere grauen Büros, und da ist auch alles grau – nichts ist ganz falsch, aber so ganz richtig läuft's auch nicht.

Moral ist nichts, was man mal so, mal so sehen kann. Sie wird in allen Lebens- und Berufsbereichen erkennbar, zum jedem Zeitpunkt – ob Sie wirklich nur fünfzehn Minuten Pause machen, wie vorgeschrieben, oder ein Desaster erleben, wie die Firma Enron. Arbeitsmoral ist mehr als eine Liste der Dinge, die wir in unserer Firma tun beziehungsweise nicht tun dürfen, nach der wir unser Geschäft ausrichten. Arbeitsmoral sagt viel aus darüber, wer wir sind, welche Art von Menschen wir einstellen oder entlassen und wie wir denken. Sie ist der Kern unseres Lebens und unseres Geschäftslebens.

Der uralte Gedanke, dass man mit einem schlechten Menschen keine guten Geschäfte machen kann, muss richtig verstanden und praktisch ordentlich umgesetzt werden. Schlechte Menschen müssen identifiziert und zur Verantwortung gezogen werden, sonst ändert sich nichts.

Was ist unmoralisch?

Sich krank zu melden, ohne es zu sein.

Für sich privat Sachen aus dem Büro mitzunehmen.

Beim Lebenslauf zu mogeln.

Zwischen zwei Vertreterbesuchen schnell zum Friseur zu gehen.

Bei der Reisekostenabrechnung zu pfuschen.

Zu behaupten, ein Produkt könne etwas, wenn man weiß, das stimmt nicht.

Zu spät zu einem Termin zu kommen.

Persönliche Telefonate in der Arbeitszeit zu führen.

Den Firmenanschluss für teure Ferngespräche zu verwenden.

Den Kopierer der Firma für den Eigenbedarf zu verwenden.

Zu viel zu versprechen und zu wenig zu leisten.

*Die Frankiermaschine der Firma für Privatpost
zu verwenden.*

Einen Konkurrenten herabzusetzen.

Sich am Büroklatsch zu beteiligen.

Die Mittagspause auszudehnen.

Nicht zurückzurufen.

*Seine Voice Mail nicht so oft zu checken,
wie man sollte.*

Laut einer aktuellen Studie von Kelly Services denken 31 Prozent aller befragten Mitarbeiter, es sei in Ordnung, während der Arbeitszeit privat im Internet zu surfen. Tut mir leid, das ist nicht in Ordnung.

Dieselbe Studie hat ergeben, dass 14 Prozent der Angestellten meinen, es wäre in Ordnung, wenn sie Büromaterial für private Zwecke mit nach Hause nehmen. Nein, das ist nicht in Ordnung. Man nennt so etwas Diebstahl. Alle, die das tun, sollten gefeuert werden.

Interessant fand ich, dass laut derselben Studie 53 Prozent der befragten Angestellten mit den moralischen Standards ihrer Arbeitgeber zufrieden sind.

Wenn ein Arbeitgeber weiß, dass seine Angestellten Büromaterial klauen, bei eBay surfen und private E-Mails schreiben und ihnen das alles durchgehen lässt, hat er selbst keine hohen ethischen Standards. Das gefällt natürlich den meisten Angestellten ganz gut.

Ich weiß, dass das jetzt ein ziemlich großer logischer Sprung ist, aber ich darf das, denn dies ist mein Buch. Aber Sie verstehen sicher, was ich meine: Die Leute bestehlen ihre Arbeitgeber, wenn sie Papier, Büroklammern, Kugelschreiber, Software et cetera mit nach Hause nehmen. Sie bestehlen ihn zeitlich, wenn sie während ihrer Arbeitszeit private Dinge erledigen. Nennen Sie es, wie Sie wollen – ich nenne es Diebstahl und unmoralisch.

Ob ich auf der Arbeitgeberseite stehe? Ja, stehe ich. Schließlich habe ich schon ein paar Firmen selbst besessen und bin schon einmal bankrott gegangen, weil ich dumme Fehler begangen habe und die Dinge habe schleifen lassen, wo ich aufpassen hätte müssen. Ich glaube nicht mehr ans Alle-Fünfe-gerade-sein-lassen. So eine Haltung kostet. Irgendjemand leidet darunter. Immer.

„Aber das macht doch jeder, Larry!"

Das habe ich auch gesagt – früher, als Kind, zu meiner Mami, wenn ich etwas Verbotenes tun wollte. Sie pflegte dann zu sagen: „Und wenn jeder von einem Hausdach springt, machst Du es dann auch?" Als Kind hat mich das wütend gemacht, aber im Grunde hatte sie recht. Mein Verhalten war falsch – ich wusste das auch –, aber ich wollte es trotzdem tun. Außerdem tat es nicht jeder. Nur ein paar Leute. Die Tatsache, dass manche etwas Verbotenes tun und damit durchkommen, macht eine Handlung nicht richtiger oder klüger. Und wenn man sich auf den Kopf stellt!

Es gibt auch eine persönliche Moral

Sie wissen in Ihrem Herzen, ob etwas richtig oder falsch ist, und Sie tun das Richtige, weil es richtig ist. Es ist eine Sache der Integrität. Lassen Sie sich Ihre persönliche Integrität nicht nehmen! Wenn Ihr Abteilungsleiter Sie bittet, etwas zu tun, das Sie für moralisch falsch halten, bleiben Sie standfest. Sie bekommen, falls nötig, früher oder später wieder einen neuen Job, aber Ihre Integrität bekommen Sie nie mehr zurück.

In meinen Vorträgen spreche ich immer über die Firma Sonic Drive-In. Ich erzähle Ihnen später in diesem Buch, wenn ich über Kundendienst spreche, die ganze Geschichte. Ich liebe Sonic und habe schon ungefähr eine Million von ihren Cheeseburgern gegessen (ja, ich geb's zu, das ist eine Lüge). In meiner Story hat Sonic ein Spezialmenü mit Pepsi Cola. Es gibt eine Zeile in meiner Story, da heißt es: „Ich hasse Pepsi." Etwa die Hälfte des Publikums applaudiert immer, wenn ich das sage, denn sie sind, wie ich, Coca-Cola-Trinker. Die andere Hälfte buht, weil sie Pepsi-Fans sind. Es ist, für jemanden im meinem Geschäft, eine riskante Zeile. Ich arbeite für viele Lebensmittelfirmen, Fast-Food- und Restaurant-Ketten, die Pepsi verkaufen oder von Pepsi gesponsert werden. Ich weiß, dass einige Leute Angst haben, dass der Hersteller Pepsi beleidigt ist, wenn ich die Zeile sage. Vielleicht haben sie ja recht. Aber es macht mir nichts aus, dass ich – wegen der Story und der Zeile – wohl nie der Lieblingssprecher von Pepsi werde, so wie Pepsi nicht mein Lieblingssoftdrink ist.

Eines Tages wurde ich für ein Meeting gebucht, und man sagte mir, bevor ich auf die Bühne musste, dass Pepsi unter den Sponsoren der Veranstaltung war, Coca-Cola aber nicht. Sie baten mich inständig, die Zeile „Ich hasse Pepsi" zu ändern in „Ich hasse Coca-Cola". Da fragte ich sie: „Aber Sie wollen doch wohl nicht, dass ich lüge, oder?" Sie verstanden mich zuerst nicht. Sie sagten, sie wollten nur sicher gehen, dass ihr Sponsor nicht beleidigt ist, und was das mit Lügen zu tun habe? Ich antwortete: „Ich hasse Coca-Cola nicht. Ich mag es. Deswegen wäre es eine Lüge, die Geschichte zu ändern und zu behaupten, ich würde Coca-Cola hassen, denn es war ja in der Geschichte auch nicht so." Ich sagte ihnen, ich wolle es so erzählen, wie es damals wirklich passiert war, oder gar nicht. Sie sagten, sie wollten die Story hören, aber wollten, dass ich sie entsprechend abändere. Daraufhin sagte ich, dann würde ich sie eben gar nicht erzählen. Jetzt meinen bestimmt viele, ich hätte mich nicht so anstellen und den Wunsch meines Kunden, der mich gebucht hat, respektieren sollen. Ich hätte ja bloß ein Wort der Story zu ändern brauchen. Ich sehe das anders. Ich glaube, dass ich meinen Kunden besser damit gedient habe, indem ich ihnen zeigte, dass ich meine Integrität nicht einfach aufgebe. Ich fühlte mich besser, weil ich darauf bestanden hatte. Sie haben gelernt, dass ich so etwas wie Integrität habe, und ich habe mich selbst daran erinnert, dass ich nicht käuflich bin.

Woher wissen wir, was falsch und was richtig ist?

Ich tue ein paar Dinge, um herauszufinden, was falsch und was richtig ist. Als Erstes frage ich mich selbst: „Was würde meine Mutter dazu sagen, dass ich das mache? Wäre sie damit einverstanden?" Sie finden das dumm? Ich nicht. Es kann vorkommen, dass ich vor mir selbst nicht den gehörigen Respekt habe, aber vor meiner Mama immer. Wenn ich nicht will, dass meine Mutter mich dabei sieht oder es weiß, dann tue ich es nicht.

Dann gibt es da noch so ein Prinzip, das sich in meinen Augen immer sehr bewährt hat: Wenn man sich fragt, ob etwas richtig oder falsch ist, ist es falsch. In diesem Fall ist schon die Frage die Antwort. Wenn etwas richtig ist, weiß man es, ohne es hinterfragen zu müssen. Vertrauen Sie einfach Ihrem Bauchgefühl.

Larrys Tipps
zum Thema Moral

››› Moral ist nichts, was man mal so und mal so sehen kann.

››› Jeder, der im Kleinen lügt, lügt auch in großen Dingen.

››› Jedes Mal, wenn Sie weniger als Ihr Bestes geben, begehen Sie im Grunde schon einen Diebstahl.

››› Hören Sie auf Ihr Bauchgefühl; es kann Richtig und Falsch unterscheiden, auch wenn der Rest Ihrer Person es (noch) nicht kann.

››› Wenn Sie sich fragen müssen, ob etwas falsch ist, dann ist es auch falsch.

KAPITEL 11

Wie man die Konkurrenz kaputt macht

Dieses Kapitel interessiert Sie doch bestimmt, nicht wahr? Vielleicht haben Sie sogar schon im Inhaltsverzeichnis nachgesehen und direkt bis hierher vorgeblättert, weil Sie das hier besonders interessiert: Wie man die Konkurrenz ausschaltet. Sie können es ruhig zugeben, Sie brauchen kein schlechtes Gewissen zu haben. Alle Geschäftsleute wüssten gerne, wie sie ihre Konkurrenz ausschalten können. Jeder sucht nach dem einen, großen Geheimnis. Hier ist es:

> *Sie vernichten die Konkurrenz,*
> *sobald Sie aufhören, an sie zu glauben.*

Schöne Pleite! Jetzt sind Sie bitter enttäuscht, nicht wahr? Jetzt denken Sie sicher, dass ich nach all den praktischen Ratschlägen, die ich Ihnen bisher in diesem Buch gegeben habe, doch noch in Richtung New Age abdrifte und Ihnen irgendeinen faulen Zauber andrehen möchte, oder?

Stimmt nicht. Ich gebe Ihnen hier den besten praktischen Rat zum Thema Wettbewerb, den Sie je bekommen haben: Hören Sie auf, an den Wettbewerb zu glauben.

Je mehr Sie daran glauben, umso mehr Macht geben Sie Ihren Konkurrenten, Sie zu zerstören. Vergessen Sie den Wettbewerb, konzentrieren Sie sich stattdessen auf sich selbst. Hören Sie auf, sich von anderen abhängig zu machen, und kümmern Sie sich um die Dinge, die Sie selbst in der Hand haben.

Das Klügste, was ich je gesagt habe

> *„Entdecken Sie das, was Sie einmalig macht, und bau-*
> *en Sie es im Dienst Ihrer Kunden aus; dann sind Erfolg,*
> *Glück und Wohlstand garantiert."*
>
> *Larry Winget*

Das ist es. Das ist das Klügste, was ich jemals gesagt habe. Dieser eine Satz umfasst alle Grundlagen meines geschäftlichen Erfolges. Warum? Weil niemand mit dem, was Sie einmalig macht, konkurrieren kann.

Sobald eine Person oder eine Firma dahinter kommt, was sie in den Augen anderer einzigartig macht und dieses Besondere aus-baut, kommt der Erfolg. Denn niemand kann mit einer wirklich ein-maligen Person oder Firma mithalten. Ich glaube nicht sehr an den Wettbewerb, aber ich glaube fest an Einzigartigkeit.

Wie bekommen Sie heraus, was Sie einzigartig macht? Ein kleiner Tipp: Wahrscheinlich hat es nicht viel mit dem zu tun, was Sie gera-de tun. Nur wenige Individuen oder Unternehmen folgen ihrer Be-stimmung. Stattdessen versuchen sie, jedermanns Spiel mitzuspie-len, sich anzupassen, wie die anderen zu sein, zu handeln und aus-zusehen. Sie spielen „Ich auch", und das so lange, bis man sie kaum noch von anderen Menschen oder Betrieben ihrer Art unterscheiden kann. Die Reaktion darauf ist, dass die betreffenden Leute oder Firmen es zu ihrem Ziel machen, voneinander unterscheidbar zu werden. Das ist die nächste schlechte Idee.

Versuchen Sie nicht, anders zu sein. Andersartigkeit verunsichert die Leute nur. Sie geben ihr Geld nicht für etwas Anderes aus. Aber sie geben extra viel Geld für das Einmalige, Einzigartige aus.

Denken Sie an die Firma Apple. Sind sie wirklich anders? Ich würde sagen, nein. Sie verkaufen Computer, die genau das tun, was auch alle anderen Computer können. Sie alle können ungefähr das Gleiche. Aber Apple sind einzigartig in der Art und Weise, wie sie es machen. Ihre Computer sehen nicht wie die anderen aus. Sie kommen in farbigen Gehäusen und interessantem Design daher. Diese Einzigartigkeit hat die Firma über lange Zeit erfolgreich am Markt gehalten. Jede neue Computer-Generation von Apple ist besser als die vorhergehende. Und ihr iPod? Erst recht! Soweit ich davon technisch etwas verstehe, sind der iPod und TiVo beides technologische Spitzenerzeugnisse.

Vor ein paar Jahren hielt ich auf der Jahresversammlung eines Computerdrucker-Herstellers einen Vortrag. Ich saß fast zwei Stunden lang da, bevor ich auf die Bühne durfte. Vor mir sprachen der Herstellungsleiter, der stellvertretende Abteilungsleiter Vertrieb und Marketing und der Generaldirektor der Firma. Alle droschen sie unisono auf ihre Konkurrenten ein. Sie machten sich über deren Produkte lustig, über ihren Führungsstil auch, und brachten ihre eigenen Verkäufer zum Lachen, indem sie sich jeden ihrer Wettbewerber einzeln vorknöpften. Ich hörte mir das Ganze an und dachte mir: Diese Firma ist früher oder später zum Scheitern verurteilt. Sie dachten nicht darüber nach, was die technische Überlegenheit ihres Produktes ausmachte, ob ihr Kundendienst besser war als der der anderen oder ob ihr Vertriebspersonal besser ausgebildet war.

Keine Minute verbrachten sie damit, zu diskutieren, wie sie von Platz 4 auf Platz 1 kommen könnten. Sie hatten keine Ahnung, was sie unverwechselbar machte. Stattdessen brachten sie die ganze Sitzung damit zu, die offensichtlich teilweise weit bessere Konkurrenz schlecht zu reden. Als ich auf die Bühne kam, musste ich mich entscheiden: Sollte ich ihnen sagen, wie falsch sie methodisch lagen, oder sollte ich einfach meine vorbereitete Rede halten und wieder gehen? Nun, ich wurde nicht dafür bezahlt, ihre Überzeugungen zu hinterfragen, daher ließ ich es bei meinen üblichen Bemerkungen bewenden. Außerdem waren sie offensichtlich schon zu weit gegangen, von oben nach unten und von unten nach oben. Sie hatten eine Kultur des Schlechtmachens anstelle des Aufbauens begründet, von der sie wohl nicht mehr los kamen. Man kann sich nicht dadurch erhöhen, dass man andere erniedrigt.

Wissen Sie was? Die Marktposition dieser Firma ist heute noch nicht besser, als sie damals war. Das überrascht mich auch nicht.

Genug von mir – reden wir mal über mich

Der Schlüssel zum Erfolg ist, nicht über andere „Loser" zu reden, sondern über den eigenen Sieg. Ihr Erfolg hat nichts mit dem anderer Leute zu tun, sondern mit Ihnen selbst. Sie sollten sich darauf konzentrieren, eine Firma zu werden, die einzigartig ist und keine Konkurrenz zu fürchten braucht. Dazu fällt mir ein guter Spruch meines Freundes, des Futuristen Dan Burrus, ein: „Konzentration auf den Wettbewerb war immer schon ein Kennzeichen von Mittelmäßigkeit." Erheben Sie sich über das Konkurrenzverhalten und versuchen Sie, so einzigartig zu werden, dass Sie keine Konkurrenten mehr haben.

„Ist das leicht oder schwer?"

Es ist alles andere als leicht. Deshalb schaffen es ja auch nur so wenige.

Sie wissen, wovon ich spreche. Wenn Sie viele Geschäftsratgeber lesen, wissen Sie bestimmt *genau*, wovon ich spreche. Man nennt es **Branding** – eines der heißen neuen Schlagwörter der Wirtschaft. Ich hasse Schlagwörter. Sie sind meist nichtssagend und einer eindeutigen Kommunikation nur hinderlich.

Branding (Markenmanagement) heißt nichts anderes, als zu wissen, wer man ist und was man tut, um sich von anderen abzuheben, und dies dann anschließend durch passendes Marketing kommunikativ umzusetzen. Branding bedeutet, dass Sie Ihre Einzigartigkeit erkennen und lernen, sie geschäftlich zu nutzen.

Ich bin eine Marke. Ich habe hart gearbeitet, um die Marke Larry Winget auf dem internationalen Markt zu etablieren. Zu einer Zeit, als die meisten Berufsredner in zwei Gruppen aufgeteilt waren – in Trainer für bestimmte Themen und Motivationsredner –, erfand ich eine eigene, dritte Gruppe: Mich selbst!

Ich ließ mir den Slogan „The World´s Only Irritational Speaker" ® („Der weltweit einzige Irritationsredner") mit Handelszeichen schützen, um mich von all den Motivationsgurus da draußen abzuheben. Außerdem ließ ich mir die Bezeichnung „The Pitbull of Personal Development" ® („Der Pitbull der Persönlichkeitsentwicklung") schützen, denn ich glaube, dieses Attribut sagt glasklar, wer ich bin und was ich tue.

Dabei war ich mir nicht immer so bewusst, wer ich eigentlich bin – zumindest nicht nach außen hin. Zu Beginn meiner Karriere war ich ungefähr so, wie jeder andere – ein Motivationsredner, der auch etwas von Verkaufstraining, Kundendiensttraining und Personalführungstraining verstand. Ich war nett, ermutigend, hilfreich und gut drauf. Irgendwann wurde mir von meinem eigenen Gesülze speiübel. So bin ich nicht wirklich. Ich bin ätzend und respektlos, und ich glaube, dass man ausschließlich selbst für sein Leben verantwortlich ist. Aber das habe ich damals nicht gesagt. Ich war überzeugt davon, dass ich, wenn ich erfolgreich sein wollte, tun musste, was die anderen auch taten, nur besser als sie. Aber damit kommt man in meinem Business nicht weit, und in Ihrem auch nicht. Sie können das, was zu tun ist, nicht immer besser machen als andere. Sie sollten es versuchen, aber Sie werden es einfach nicht immer und überall schaffen. Sie selbst jedoch können Sie immer sein – und das besser als jeder andere. Das ist der Clou!

Ich habe das vor Jahren gelernt, als eine Sitzungsplanerin mit mir über meine Rede über Personalführung sprach, die einen Teil des nächsten Kapitels ausmacht und meine acht Prinzipien der Personalführung erklärt. Die Frau sagte, sie wolle mich für einen Vortrag bei ihrer Organisation buchen, aber da sei noch ein anderer Redner (übrigens einer meiner besten Freunde), dessen Rede statt meiner acht Prinzipien zehn enthalte. Da mein Vortrag nur acht Prinzipien enthalte, wollten sie doch lieber meinen Kollegen buchen. Damals entschied ich ein für allemal, nicht mehr mit Konkurrenten in einen inhaltlichen Wettbewerb zu gehen, denn irgendjemand kann immer ein Prinzip oder eine Idee mehr zu einem Thema haben als ich. Stattdessen entschied ich, so einzigartig werden zu wollen, dass mich niemand allein wegen meiner Redeinhalte kauft, sondern wegen der Art, wie ich sie rüberbringe. Niemand kann die Dinge genauso sagen, wie ich es tue. Es war ganz einfach: Ich redete, wie mir der Schnabel gewachsen war und wurde zu dem, der ich eigentlich bin. Niemand kann Ihnen in Ihrer Einzigartigkeit das Wasser reichen.

Niemand gibt den Larry Winget so, wie ich selbst es tue, obwohl das schon so mancher versucht hat. Ich lebe meine Einzigartigkeit in meinem Beruf voll aus. Ich bin gerne ein direkter, schroffer Typ, der sagt, was er denkt. Warum? Weil es ein Publikum gibt, das genau das will und gut dafür bezahlt. Sie haben doch auch aus dem Grund zu diesem Buch gefunden, nicht wahr? Ich habe gelernt: Wenn ich meine Eigenheiten annehme und voll einbringe, kann keiner mit mir konkurrieren. Sie brauchen es gar nicht erst zu versuchen. Das ist eine Marke, die überzeugt und ein Marketing-Konzept, das nicht zu schlagen ist.

Auch Sie sind bestimmt eine Marke, die Ihre Branche überzeugt. Vielleicht wissen Sie noch nicht, was es ist. Aber Sie sollten es herausfinden. Warum? Wenn Sie es herausfinden, kann Ihnen niemand mehr gefährlich werden.

Sehen Sie sich Ihre Firma genau an. Niemand hat exakt Ihren Geschäftsort, Ihren Mix von Mitarbeitern und Ihre Einstellung. Klar gibt es andere, die gleich nebenan dasselbe Produkt zu demselben Preis verkaufen, aber das sind nicht Sie. Sie und Ihr Geschäft sind einmalig.

Es mag ein einfaches Konzept sein, nicht mehr daran zu denken, für wen einen andere Menschen halten und man selbst zu werden. Aber manchmal ist es schwer umzusetzen. Es ist nicht leicht, die Ansichten anderer über einen selbst zu ignorieren. Aber der Schlüssel zum Erfolg kann nur sein, Ihre Einzigartigkeit zu entdecken und darauf aufzubauen. Ihre Authentizität, als Person oder als ganze Firma, ist der Schlüssel zum Erfolg.

Tut mir leid, es ist zu spät

Sie sind schon auf eine Marke festgelegt. Bevor Sie auch nur die geringste Chance hatten, eine Marke zu entwickeln, ist es schon geschehen. Ihr Ruf eilt Ihnen voraus.

Vielleicht sind Sie als netter Kerl bekannt. Das ist an sich nicht schlecht. Aber vielleicht sind Sie als ein netter Kerl bekannt, der gut, aber ziemlich langsam arbeitet. Das wäre nicht so gut. Sie haben sich Ihren Ruf erworben durch die Arbeit, die Sie bisher geleistet haben. Das Ergebnis: Sie gelten jetzt als der nette Kerl, der langsam arbeitet.

Auch Firmen und Organisationen haben einen bestimmten Ruf. Manche, wie FedEx, sind für ihre schnelle Arbeit bekannt. Andere, wie Mercedes-Benz, für ihre hohe Qualität. Manche, wie Nordstrom, für guten Kundendienst. Andere, wie Apple, weil sie cool sind. Die Post, weil sie so langsam ist. Die Regierung, weil sie aus lauter Idioten zu bestehen scheint ...

Sehen wir uns mal Southwest Airlines an. Über die wurden schon ganze Bücher geschrieben. Southwest Airlines sind schnell, witzig und billig. Man weiß im Voraus, was man bekommt. Es ist ihr Ruf, und dem werden sie jedes Mal wieder gerecht. Ich kann darüber nur staunen.

Wie machen die das? Wie schaffen die Southwest Airlines es, ein Flugzeug in weniger als fünfzehn Minuten zu räumen, neu zu beladen und zu betanken, wo andere dafür eine Dreiviertelstunde brauchen? Weil sie es wollen. Sie wollen die Standzeiten minimieren, also tun sie es auch. Passagiere inbegriffen.

Neulich bin ich von Phoenix nach Las Vegas geflogen. Ein Kurzstreckenflug. Das Flugzeug hatte ungefähr fünfzehn Minuten Verspätung. Der Mann am Flugsteig schnappte sich den Lautsprecher und sagte den Leuten, er wisse und wolle, dass sie noch rechtzeitig in Las Vegas ankommen beziehungsweise zu ihren Anschlussflügen weiter gelangen wollten. Er sagte, die einzige Möglichkeit, dies zu erreichen, sei, wenn alle mit anpackten und sich ins Zeug legten, um das Flugzeug in möglichst kurzer Zeit voll und startklar zu kriegen. Das bedeutete, man musste seinen Sitzplatz möglichst rasch finden und hatte gerade noch genug Zeit, sich fallen zu lassen und sich anzuschnallen. Jeder lachte und tat, was er konnte, damit das Flugzeug rechtzeitig abheben konnte. Und siehe da, es klappte.

Zum Vergleich: Neulich flog ich mit American Airlines; das Flugzeug hatte ebenfalls circa fünfzehn Minuten Verspätung. Ich ging zu der Frau am Flugsteig und fragte sie, was ihrer Meinung nach die neue Ankunftszeit sein würde. Sie meinte, sie wolle versuchen, das

Flugzeug innerhalb einer Viertelstunde voll zu bekommen und rechtzeitig zu starten. Ich fragte sie, wie sie das denn schaffen wolle, ob sie etwa von Southwest sei. Sie fand das gar nicht komisch. Natürlich dauerte es fast eine Stunde, bis das Flugzeug leer war und danach, neu beladen, starten konnte. Während wir abhoben, sagten sie uns Passagieren, was wir tun konnten, falls wir unsere Anschlussflüge verpassten.

Viele Leute meinen, dass Southwest beim Entladen und Wiederbeladen deshalb so schnell sind, weil sie keine Sitzplatznummern vergeben. Ich sehe das etwas anders. Es spielt sicher auch eine Rolle. Aber der wahre Grund ist die innere Einstellung der Airline und ihrer Mitarbeiterinnen und Mitarbeiter. Jeder Einzelne setzt die Firmenvorgabe um und bezieht die Kundschaft mit ein. Die ganze Fluglinie ist auf Erfolg getrimmt. Das Personal weiß, wer sie sind, die Kunden wissen, wer sie sind, und sie schaffen es, jeden in ihre Firmenphilosophie einzubinden.

Die anderen Fluglinien wirken, als seien sie auf dem Sinkflug. Sie haben eine Kultur der Entschuldigungen und Ausreden entwickelt. Sie erwarten nicht, dass alles klappt, und deshalb klappt es auch nicht. Ihre führenden Köpfe stellen sich vor die Fernsehkamera und behaupten, sie machten keine Gewinne. Und das, nachdem die US-Regierung ihnen nach dem 11. September so viel Entschädigung gezahlt hat! Haben Sie diese Interviews auch gesehen? Die Leute haben keinen Plan, wie man gewinnbringend arbeitet. Natürlich haben sie irgendwelche schönen Pläne, wo ihre strategischen Ziele drin stehen. Aber sie nehmen nicht alle Beteiligten dabei mit; das Ganze ist nicht wirklich ein Teil ihrer Firmenkultur. Vor allem an ihre Kunden scheinen sie nicht gedacht zu haben. Stattdessen haben sie ihnen nach und nach die Decken, Kissen, Zeitschriften und das Essen an Bord gestrichen und dadurch alles für Leute mit einigermaßen Geld, wie Sie und mich, unattraktiv gemacht. Warum sind sie jetzt so überrascht, dass viele von uns sich nicht mehr bei ihnen wohl fühlen? Sie haben nicht um uns geworben. Sie haben sich nicht bemüht, uns an ihrem Erfolg teilhaben zu lassen. Sie haben uns schlecht behandelt und uns an der Nase herumgeführt und erst dann eine Art Einstellung entwickelt, als wir uns über sie beschweren mussten. Auf einmal haben sie sich eine Einstellung zugelegt und dann von uns erwartet, dass wir unsere sauer verdienten Steuergelder dafür ausgeben, sie zu entschädigen. Vergiss es! Die Regierung hat mir doch auch nichts bezahlt, als ich infolge des 11. September Einbußen hinnehmen musste, und Ihnen vermutlich auch nicht. Ich musste damals lernen, meine Geschäfte besser zu führen und meinen Gürtel etwas enger zu schnallen, wie die meisten von uns.

Ich finde es erstaunlich, dass Southwest Airlines mir buchstäblich nichts als ein Säckchen Erdnüsse in die Hand geben und mich amüsieren, während die anderen Airlines mir ein First-class-Menü servieren können und ich sie dennoch zum Kotzen finde.

Kürzlich habe ich einem Mitarbeiter von American Airlines gesagt, der einzige Vorteil, den ich als Executive-Platinum-Mitglied hätte, wäre der, dass ich früher im Flugzeug wäre und seine Kolleginnen und Kollegen mich deshalb länger anmeckern könnten. Schade, dass er diesen Satz nicht so lustig fand wie ich.

Leider gibt es da draußen keine einzige Fluggesellschaft, die es mit Southwest Airlines aufnehmen könnte. Natürlich gibt es mehrere Billig-Linien, die auf denselben Routen zu ähnlichen Preisen fliegen. Aber sie bieten einem nicht dasselbe Erlebnis wie Southwest. Sie miteinander zu vergleichen, heißt, Äpfel mit Birnen zu vergleichen. Ob man sie nun mag oder nicht – das, was sie anbieten, bekommt man *so* nur von ihnen.

Danach sollten Sie streben. Machen Sie sich einzigartig, sodass man ein bestimmtes Erlebnis *nur bei Ihnen* bekommt.

Das können Sie auf vielerlei Weise erreichen.

Zum Beispiel, indem Sie sich durch Farbe von anderen abheben. UPS ist braun. Das gehört zur Firma, ist Teil ihrer Kultur. Braun.

Geico macht es mittels einer Eidechse – einer niedlichen, kleinen, computeranimierten Eidechse. Sie haben sie in Verbindung mit ihrer „Geld-bei-der-Autoversicherung-gespart"-Werbekampagne eingeführt.

Progressive Insurance, eine andere Versicherung, geben Ihnen auf ihrer Website die Möglichkeit, ihre eigenen Tarife mit denen der Konkurrenz zu vergleichen – auch wenn die manchmal niedriger liegen. Ein mutiger Schachzug, finde ich.

Domino's Pizza haben mal behauptet, sie würden ihre Pizza innerhalb von dreißig Minuten überall hin liefern oder nichts dafür berechnen. Wollten sie nun Pizzas oder Tempo verkaufen? Glauben Sie mir, Letzteres war der Fall. Nachdem sie ein paar Jahre nur Tempo gemacht und wahrscheinlich zu viele von ihren Pizzen verschenkt hatten, weil ihre Fahrer wegen überhöhter Geschwindigkeit zu viele Unfälle bauten, haben sie ihre Masche inzwischen aufgegeben. Jetzt verkaufen sie wieder Pizza. Ob das wohl gut geht?

Die Leute von DHL sagen heute, sie wollten ihr Versandgeschäft wieder mit gutem Kundendienst verbinden. Ich mag ihre aktuelle Werbekampagne. Sie wissen, was die Kunden von ihren beiden großen Konkurrenten im Schiffsversand halten, was deren Kundenfreundlichkeit angeht; sie setzen sich deshalb von ihnen ab und sagen: „Wir haben, was die anderen nicht haben – Kundenfreundlichkeit." Versprechen sie uns einen schnelleren Service oder bessere Preise? Nein, sondern einen besseren Service. Das finde ich gut. Und was ist das Ergebnis der DHL-Kampagne? Jetzt bemüht sich auch UPS wieder verstärkt um bessere Leistung im Kundendienst, was sie bis dahin wohl etwas vernachlässigt hatten. Sie reagieren damit auf die positive Reaktion des Marktes auf eine Firma, die etwas, was wir alle erwarten (nämlich guten Kundenservice) wieder belebt und zu ihrem ureigenen Anliegen gemacht hat. Toll!

„Ihr seid auf der Welt, um etwas zu erfinden, nicht um gegeneinander zu kämpfen!"

Dr. Robert Anthony,
der Autor des Buches Beyond Positive Thinking

Achten Sie darauf, wer Sie wirklich sind. Was ist Ihre persönliche Biografie? Was haben Sie zu bieten? Welche Erfahrungen haben Sie gemacht, die andere noch nicht gemacht haben? Was haben Sie daraus gelernt? Was tun Sie, das niemand außer Ihnen tut? Was *könnten* Sie tun, das niemand sonst bietet? Was an Ihnen ist so einzigartig, dass Sie es für den Dienst an anderen Menschen nutzen könnten? Es gibt da ganz bestimmt etwas. Da bin ich mir sicher. Entdecken Sie es. Nützen Sie es. Und Sie müssen sich nie mehr Gedanken über die Konkurrenz machen.

Larrys Tipps
zum Thema Konkurrenz

››› Glauben Sie nicht an die Konkurrenz.
››› Sie können sich nicht selbst erhöhen, indem Sie andere niedermachen.
››› Die Kunden geben ihr Geld nicht für andere Leistungen aus, sondern sie geben gerne mehr Geld für einzigartige Leistungen aus.
››› Das Schlagwort „Branding" bedeutet nichts anderes als seine eigene Einzigartigkeit zu entdecken und zu lernen, sie wirtschaftlich zu nutzen.
››› Ihre Einzigartigkeit beruht immer auf Ihrer Authentizität (Echtheit).

KAPITEL 12

Achtmal „–ieren" heißt, gut führen

Normalerweise mag ich Slogans wie diesen nicht besonders. Ich halte nicht viel von Kürzeln, Gleichnissen, Parabeln und Spitzfindigkeiten jeglicher Art. Aber ich mag die in diesem Kapitel zusammengestellte Liste von Führungsqualitäten, die alle mit der Endung „-ieren" aufhören. Ich mag sie deshalb, weil Wörter, die sich reimen, leicht zu merken sind. Dieser Vorzug genügt mir als Ausrede, um ausnahmsweise etwas spitzfindiger als sonst zu sein. Ich hoffe, Sie sehen es mir nach.

Kreieren

Als Führungspersönlichkeit müssen Sie drei Dinge kreieren können:

1. die richtige Umgebung,
2. die richtige Atmosphäre,
3. die richtige Gruppenzusammensetzung.

Die richtige Umgebung kreieren

Es klingt ziemlich einfach, nicht wahr? Aber was an der räumlichen Umgebung können Sie wirklich ändern? Viel. Es ist mir egal, ob Ihre

Firma Ihnen wegen des Corporate Designs einen strikten Rahmen vorgibt, damit Ihr Laden genauso aussieht wie alle anderen Läden Ihrer Kette. Es ist mir egal, ob Sie nur eine kleine Garage zur Verfügung haben, in der Sie Rasenmäher reparieren oder so. Es ist mir egal, ob Sie tausend kleine Kabinen haben, die einander alle ähnlich sehen wie ein Ei dem anderen. Als Leiter des Ganzen sind Sie dafür verantwortlich, sicher zu stellen, dass die physische Arbeitsumgebung einladend und sauber ist, dass man sieht, dass hier gearbeitet wird und dass die Kundschaft Ihnen vertrauen kann. Das ist nicht der Fall, wenn eine Handvoll von Angestellten Ihren Eingangsbereich in eine Räucherhöhle verwandeln, wo sie in den Pausen qualmen. Es ist nicht der Fall, wenn der Boden dreckig ist, und die Toiletten auch. Es ist nicht der Fall, wenn aus dem Kühlschrank in Ihrem Pausenraum verdorbenes Essen quillt. Und es ist auch nicht der Fall, wenn Ihre Leute untätig herumstehen.

Eine schlechte Arbeitsumgebung überträgt sich auf Einstellung und Verhalten Ihrer Mitarbeiter. Sie überträgt sich aber auch auf die Einstellung Ihrer Kunden Ihnen gegenüber. Lassen Sie alles gründlich reinigen. Lassen Sie die ganzen doofen Poster von den Kabinenwänden entfernen. Säubern Sie den Kühlschrank. Schaffen Sie die Räucherhöhle ab. Sie werden sehen, dann wird auch mehr gearbeitet.

Die richtige Atmosphäre kreieren

Ein anständiger Anführer muss eine Atmosphäre schaffen, in der sich jeder auf jeden verlassen kann.

Jeder Mitarbeiter muss wissen, dass jede einzelne seiner Handlungen Konsequenzen haben kann, und welche. Der Abteilungsleiter muss diese Konsequenzen durchsetzen, und sie müssen den Mitarbeitern fairnesshalber rechtzeitig vorher bekannt sein. Diese Atmosphäre wechselseitiger Berechenbarkeit ist nichts Negatives. Im Gegenteil, es ist eine sehr positive Atmosphäre, die für guten Service steht und den wirklich guten Mitarbeitern den Aufstieg an die Spitze ermöglicht. Eine Arbeitsatmosphäre, in der gute Leute für ihre Leistung belohnt werden.

Der Abteilungsleiter muss auch für eine Atmosphäre sorgen, in der alle frei denken, Vorschläge machen und kreativ sein dürfen. Viele Chefs denken, es ist besser, ihre Untergebenen zu Duckmäusertum und Folgsamkeit zu erziehen. Es gibt Jobs, die verlangen, dass man sich voll und ganz hinein versenkt und an nichts anderes mehr denkt, aber die meisten Tätigkeiten sind nicht so. Außerdem gilt: Wenn Sie ständig dafür sorgen müssen, dass Ihre Angestellten mit gesenktem Kopf herumlaufen und fleißig sind, haben Sie erstens die falschen Leute, und zweitens haben Sie dann nur den Arbeitsprozess im Griff, und nicht die Arbeitsorganisation.

Schaffen Sie eine Atmosphäre, in der selbständiges Denken belohnt und hoch geschätzt wird und neue Ideen unterstützt werden.

Die richtige Gruppenzusammensetzung kreieren

> *„Das Tempo des Anführers bestimmt das Tempo des ganzen Rudels."*
>
> *Sergeant Preston vom Yukon River*

Stellen Sie die richtigen Leute ein. Ich gebe zu, das ist nicht leicht. Ein Lebenslauf sagt nicht allzu viel aus, und aus juristischen Gründen dürfen ehemalige Arbeitgeber Ihnen nicht sagen, ob Ihr Kandidat ein Mörder oder Dieb ist – sie dürfen lediglich bestätigen, dass er bei ihnen gearbeitet hat. Außerdem wird es in letzter Zeit immer schwerer, ,aussagekräftige' Fragen zu stellen und sie aussagekräftig beantwortet zu bekommen. Nehmen Sie dazu die Menge derer, die sich auf das Schönen und Fälschen solcher Unterlagen verstehen. Worauf können Sie dann noch bauen, wenn Sie jemanden einstellen? Da bleibt herzlich wenig übrig, außer Ihrem Bauchgefühl. Aber auch das kann sich täuschen. Ich selbst bin oft an der Nase herumgeführt worden. Manche Leute sind richtige Kanonen im Vorstellungsgespräch. Ich nenne sie „raffinierte Blender". Das Beste, was man tun kann, ist, sich mit einem Menschen zu unterhalten, ein Gefühl dafür zu bekommen, wer er oder sie ist, die bestmöglichen Fragen zu stellen (dafür gibt es jede Menge Ratgeberliteratur) und schließlich auf Ihren Instinkt zu vertrauen.

Stellen Sie nur gute Leute ein. Leona Helmsley, die Eigentümerin einer Hotelkette und eine Verfechterin der alten Geschäftsmoral, schrieb einmal in einer Stellenanzeige die Worte: „Wir trainieren unsere Leute nicht, bis sie gut sind, wir stellen einfach nur gute Leute ein." Eine großartige Idee. Ich wundere mich, dass ausgerechnet sie die Idee hatte, wo sie doch sogar einmal wegen Betrugs im Gefängnis saß. Aber selbst wenn es nicht ihr eigenes Statement war, sondern aus der Feder eines Werbetexters stammt, der für sie arbeitete, ist es trotzdem eine Aussage, die wir uns alle zum Vorbild nehmen sollten. Man kann jemandem durch Aus- und Fortbildung höchstens zeigen, wie er seinen Job gut machen kann. Man kann ihn aber nicht lehren, ein guter Mensch zu sein. Die beste Methode ist: Stellen Sie gute Menschen ein, und bilden Sie sie gut aus.

Wenn Sie eine gut zusammengesetzte Gruppe von motivierten Angestellten haben, die für Sie arbeitet und ein gemeinsames Ziel vor Augen hat, ist fast alles erreichbar.

Larrys 20–60–20-Prinzip

Ich glaube, jede und jeder von Ihren Angestellten passt in eine der folgenden drei Kategorien:

Die 20 Prozent Besten

Sie sind die Crème de la crème. Sie kommen pünktlich zur Arbeit, machen ihre Arbeit gut, sind integer und ehrlich, respektieren ihre Kollegen und Kunden und arbeiten hart, egal, ob Sie da sind oder nicht.

Die 20 Prozent Schlechtesten

Diese Leute sind das genaue Gegenteil der 20 Prozent Besten. Sie sind wertlos für Sie, für Ihre Organisation und Ihre Kunden. Vielleicht sind sie menschlich ganz nett; aber sie werden nicht dafür bezahlt, nett zu sein, sondern für ihre Ergebnisse. Und die erbringen sie eben nicht.

Was bleibt dann noch übrig?

Die 60 Prozent dazwischen

Das sind die Leute, die ihre Arbeit „ziemlich gut" machen. Sie tun das Meiste dessen, was man von ihnen verlangt. Sie sind überwiegend gute Menschen und gute Angestellte. Nicht großartig, aber auch nicht schlecht.

Was bedeutet das 20–60–20-Prinzip für Sie?

Aus der Sicht der Personalführung macht meine Einteilung Ihnen vieles wesentlich leichter.

Um die 20 Prozent Besten brauchen Sie sich praktisch nicht zu kümmern. Lassen Sie die Leute in Ruhe arbeiten. Schauen Sie nur gelegentlich mal rein und fragen Sie sie, was sie brauchen, um ihre Arbeit zu machen, und geben Sie es ihnen. Diese Angestellten brauchen niemanden, der sie bei der Hand nimmt. Sie stören sie nur, wenn Sie ihnen zu oft über die Schulter schauen. Sie brauchen nur etwas Unterstützung und Ermutigung, und das ist es auch schon. Sie machen ihren Job selbständig. Sie klagen nicht; sie sehen einfach zu, dass alles erledigt wird. Stehen Sie ihnen dabei nicht im Weg!

Aber eines sollten Sie über die Top-20-Leute wissen: Irgendwann werden sie die Firma verlassen. Eines schönen Tages suchen sie sich etwas Besseres und lassen Sie im Regen stehen. Denn sie brauchen ständig neue Herausforderungen, und selbst wenn Sie ihnen die geben, ziehen sie irgendwann von dannen – zu größeren, besseren und neueren Aufgaben. Da ist nichts zu machen. Sie sind einfach so. Es liegt in ihren Genen.

Jetzt zu den 20 Prozent Schlechtesten: Wir sind so erzogen, dass wir auch mit Nieten zusammenarbeiten wollen. Was für ein Blödsinn. Vergessen Sie's. Sparen Sie Ihre Energie für Wichtigeres. Mit den Schlechtesten ist es so ähnlich wie mit dem alten Vergleich von den Schweinen, denen man das Singen beibringen möchte. Es klappt nicht, und sie werden nur wütend dabei. Es ist reine Zeit- und Energieverschwendung. Es funktioniert nicht. Jemanden, der nicht motiviert ist, können Sie nicht motivieren. Jemanden, der nicht formbar ist, können Sie nicht erziehen. Das Interesse an der Arbeit können Sie niemandem beibringen. Geben Sie es auf. Suchen Sie sich lieber neue Mitarbeiter.

Verbringen Sie Ihre Zeit lieber mit den mittleren 60 Prozent. Das sind die Leute, die Ihre Hilfe brauchen und in die Sie Zeit und Energie investieren sollten. Was ist Ihre Aufgabe als Führungspersönlichkeit? Die Antwort ist einfach: Dafür zu sorgen, dass die Leute aus der mittleren Kategorie auf die oberen und die unteren 20 Prozent verteilt werden. Sie haben richtig gehört. Ihr Ziel ist, die Mitte in Oben und Unten aufzuteilen.

So ist die Wirklichkeit nun mal: Nehmen wir an, Sie gehen morgen früh in Ihre Firma und feuern jeden der schlechtesten 20 Prozent mit sofortiger Wirkung. Dann würde sich die mittlere Kategorie über kurz oder lang aufspalten, und ein Teil der Leute würde die Plätze der unteren 20 Prozent einnehmen. Manche scheinen nur darauf gewartet zu haben, genau das zu tun. Sie wollen lieber unten sein, aber solange „die da unten" noch da waren, gab es nicht genug Platz für sie, also senkten sie den Kopf und machten ihre Arbeit „einigermaßen ordentlich". Aber jetzt haben sie da unten Platz und sind froh und glücklich, die Lücke füllen zu können. Auch für Sie ist das nicht schlecht. Warum? Weil Sie jetzt genau wissen, was Sie mit den unteren 20 Prozent zu tun haben. Sie entlassen sie einfach!

Andersherum funktioniert das System genauso. Wenn Sie morgen früh in Ihre Firma kommen und feststellen müssen, dass jeder Ihrer 20 Prozent Besten Sie wegen anderer Projekte und Aussichten im Stich gelassen hat, dauert es nicht lange, und ein paar Leute aus der mittleren Gruppe wechseln in die Top-Riege. Es funktioniert auch nach oben hin. Sie haben auch in Ihrer Mittelgruppe einige Talente, die nur darauf warten, dass oben etwas frei wird. Sie haben dort vorher nur nicht genug Platz gefunden und strengen sich erst jetzt, wo es tatsächlich darauf ankommt, hundertprozentig an.

Deshalb ist es so wichtig, dass Sie Ihre Zeit hauptsächlich mit den mittleren 60 Prozent verbringen. Sie sind eine Fundgrube für Talente, die nur darauf warten, entdeckt zu werden. Außerdem tummeln sich hier einige Verlierer, die ebenfalls nur auf die Chance zum Faulenzen warten. Ihr Job als Führungskraft ist es, zu beurteilen, welche Richtung Ihre Angestellten wohl einschlagen würden. Dann sind Sie nicht mehr so unruhig, wenn einer aus der Top-Riege eines Tages seinen Hut nimmt, denn Sie haben im Geiste schon jemanden in petto, der den frei gewordenen Platz einnehmen kann. Keine Panik – befördern Sie den Kandidaten. Auf der anderen Seite wissen Sie dann auch, wer nach unten strebt und können mit dem Ausleseprozess rechtzeitig beginnen.

Sie können den ganzen Tag über Leute entlassen; an der Personalstruktur wird sich nicht viel ändern. Es wird immer die 20 Prozent Besten, die 20 Prozent Schlechtesten und die 60 Prozent Mittelbau geben.

„Darf ich niederknien und Ihren Ring küssen?"

Dieses Konzept erspart Ihnen so viel Zeit, Geld und Kopfzerbre-
chen, dass ich eigentlich erwarte, dass die Abteilungsleiter und Manager alle zu mir kommen und mir die Füße küssen. Ja, es ist tatsächlich so wirkungsvoll, wie ich es beschrieben habe. Wenn Sie das
Prinzip verstanden haben, können Sie Ihren täglichen Zeitaufwand
in der Arbeit danach ausrichten. Es hilft Ihnen Geld sparen. Es bringt
Ihnen sogar bares Geld ein. Es macht Ihnen alles leichter und verbes-
sert Ihre Perspektiven in der Firma. Es ist die Quintessenz des Business Managements. Na ja, vielleicht übertreibe ich jetzt ein bisschen.
Aber nichtsdestotrotz schulden Sie mir einen dicken Applaus für
diese Erkenntnis. Sie ist der Schlüssel zur Personalführung, zu *Ihrer*
Personalführung.

Kommunizieren

Das Erste, was eine Führungskraft kommunizieren sollte, ist ein gemeinsames Ziel, dem alle folgen müssen. Entwerfen Sie ein Leitbild.

Kennen Sie, der Sie doch eine Führungskraft sind, überhaupt das
Leitbild Ihrer Firma? Jetzt kommen Sie mir nicht mit dem alten Hut,
das Ziel sei, „möglichst viel Geld zu verdienen." Jede Firma will Geld
verdienen, auch wenn sich manche dabei ziemlich blöd anstellen.
Und, bitte, beten Sie jetzt nicht Ihre Leitlinien herunter. Ich kenne
nur wenige Leitlinien von Firmen, die es wert sind, gelesen zu werden. Neun von zehn enthalten denselben Käse. Den Kunden dienen,
blablabla, die Profitabilität sichern, blablabla, einander mit Respekt
behandeln, blablabla. Die meisten Leitlinien von Firmen enthalten
nichts als Blablabla!

Ich sage: Wenn Sie mir nicht in einem prägnanten Satz erklären
können, was Sie beruflich machen, dann wissen Sie wahrscheinlich
auch nicht, was Sie beruflich machen. Dasselbe gilt für die meisten

Unternehmen. Wenn Sie nicht in einem Satz erklären können, was Ihre Firma macht, dann wissen Sie es wahrscheinlich auch nicht.

Was tun Sie beruflich? Sagen Sie es mir. Jetzt, sofort. Und sagen Sie es laut. Haben Sie dafür mehr als einen Satz gebraucht? Wenn ja, dann arbeiten Sie daran, es auf einen Satz zu bringen.

Was macht Ihre Firma geschäftlich? Als Führungskraft sollten Sie das in einem kurzen, prägnanten Satz sagen können. Dieser Satz ist Ihr zentraler Firmenzweck. Haben Sie ihn schon jedermann in der Firma mitgeteilt?

Manche Leute meinen, ein Firmenzweck, eine Zielvorgabe, die Leitlinien müssten in erhabenem Ton formuliert sein, sozusagen „von höheren Ambitionen getragen." Das ist Bullshit. Niemand wird so etwas verstehen, sich darum kümmern, geschweige denn wissen, wie er es im Alltag umsetzen soll.

Kennen Sie die Geschichte, wo ein Typ auf drei Maurer zugeht, die gerade ein Haus bauen, und sie fragt, was sie da machen? Falls nicht, lassen Sie mich die Story zu Ende erzählen.

Der erste Maurer antwortet: „Ich bringe hier nur die acht Stunden Arbeitszeit herum, bis ich wieder nach Hause gehen darf."

Der zweite antwortet: „Ich lege einen Stein auf den anderen."

Der dritte antwortet: „Ich baue gerade eine Kathedrale."

Der ‚wichtige' Motivationsredner, der Ihnen die Geschichte erzählt hat, hat Ihnen zweifelsohne gesagt, dass nur der dritte Maurer seine Berufung wirklich verstanden habe. Nur Nummer drei hatte den Plan und wusste, wo's lang geht. Was für ein Blödsinn!

Es gibt Zeiten, da tun auch die Besten von uns nicht mehr, als ihre Zeit absitzen, bis sie endlich heimgehen können. Manchmal wird auch einfach nur jemand gebraucht, der einen Stein auf den anderen legen kann. Was ist daran schlecht oder falsch? Schließlich wurden die Leute dafür eingestellt, Ziegelsteine zu mauern, also motivieren wir sie dazu, ihre Arbeit gut zu machen, und basta! Das haben sie gelernt, dafür werden sie bezahlt, das wird gebraucht. Also sollen sie es auch tun. Es ist immer richtig, zu tun, wofür man bezahlt wird und das zu erledigen, was getan werden muss.

Außerdem hat der Typ, der behauptete, eine Kathedrale zu bauen, in Wahrheit vermutlich nur einen neuen Supermarkt gebaut. Ich kenne diese Typen, die immer „Kathedralen bauen". Manchmal sind sie in Gedanken so hoch in den Wolken, dass sie keine gerade Wand mauern können. Angestellte brauchen nicht immer eine „höhere Berufung" zu haben. Manchmal ist es nicht so wichtig, was der Zweck ist, sondern es wird einfach nur jemand gebraucht, der eine Mauer hochziehen kann.

So viel zu der Geschichte und ihrer Metaphorik; ich hoffe, Sie haben verstanden, was ich damit sagen will.

Teilen Sie mit, worum es bei dem Job wirklich geht

Viele Angestellte schaffen es nicht, ihre Arbeitgeber zufrieden zu stellen, weil sie gar nicht wissen, was sie dafür tun müssen. Niemand hat ihnen mitgeteilt, worum es bei ihrem Job eigentlich geht. Man hat ihnen nur gesagt: „Sie sind jetzt unser Pförtner", „Sie sind jetzt Verkäufer bei uns" oder „Sie sind der neue Geschäftsführer unserer Firma", aber sie wissen nicht so recht, was das für sie bedeutet.

Erstellen Sie eine Arbeitsplatzbeschreibung für jeden Arbeitsplatz. Darin muss stehen, was zu tun ist, bis wann es zu tun ist und, besonders wichtig, warum es zu tun ist. Geben Sie Ihren Leuten einen persönlichen Auftrag. Machen Sie daraus eine Handlungsanweisung, die leicht zu verstehen und praktisch umzusetzen ist. Wenn Sie genug Leute finden, die ihren persönlichen Auftrag verstehen und in die Praxis umsetzen können, erreichen Sie den angestrebten Firmenzweck wie von selbst, ohne dass Sie sich groß darum kümmern müssen.

Wenn Sie Ihren Mitarbeitern mitteilen, was sie zu tun haben, dann verwenden Sie nicht viel Zeit darauf, ihnen zu sagen, wie sie es zu tun haben. Konzentrieren Sie Ihre Mitteilung auf das Was und Warum und überlassen Sie das Wie ihrer eigenen Kreativität. Vielleicht werden Sie überrascht sein, was denen so alles einfällt. Ein *Warum* setzt immer mehr Energie frei als ein *Wie*.

Gehen Sie nicht wie selbstverständlich davon aus, dass jeder gleich versteht, was Sie meinen. Lernen Sie, sich klar und präzise auszudrücken.

Große Führungspersönlichkeiten bedienen sich einer ausdrucksstarken Sprache. Ich meine damit nicht, dass sie fluchen wie die Seeleute. (Übrigens, warum sagt man, nur Seeleute könnten gut fluchen? Ich finde das nicht fair, wo es doch unter uns so viele andere gibt, die mindestens ebenso gut fluchen können, mich selbst inbegriffen!) Ich meine damit, dass große Führerpersönlichkeiten pur und unverfälscht sprechen. Niemand muss lange überlegen, was sie wohl meinen. Sie sagen es klar, präzise und im Brustton fester Überzeugung.

Leider sind unsere Ohren vor lauter „politischer Korrektheit" mittlerweile so empfindlich geworden, dass wir sozusagen schon automatisch annehmen, jemand, der uns direkt seine Meinung sagt, sei unhöflich. Das ist Quatsch. Verwechseln Sie eine deutliche, direkte, aufrichtige, offene Sprache niemals mit Grobheit und Unhöflichkeit. Seien Sie froh, wenn jemand eine Idee schnell und effektiv ausdrücken kann, ohne Missverständnisse zu verursachen.

Ein Beispiel. Jemand sagt zu Ihnen: „Ich denke, Ihre Ergebnisse würden vielleicht besser, wenn Sie bereit wären, zu versuchen, Ihre Aufgabe eher so zu machen, anstatt so, wie Sie sie bisher machen."

Häh???

„Hey, das war falsch. Machen Sie es nicht so, sondern so."

Klare Ansage. Jetzt habe ich verstanden.

Trainieren

(Mit „trainieren" meine ich „erziehen", aber das reimt sich nicht auf „-ieren").

Eines Tages wurde ich von einer Türen-Montage-Firma zum Vortrag gebucht. Der ganze Raum war voll mit Leuten in Arbeitsmontur mit jeder Menge Tätowierungen, und viele hatten um neun Uhr morgens schon ein Bier in der Hand. Ich fühlte mich unbehaglich. Verstehen Sie mich nicht falsch – eigentlich waren die Jungs ganz in Ordnung, aber ich war mir nicht sicher, wie sie um diese Tageszeit und unter diesen Umständen auf meinen Vortrag reagieren würden. Die Firma war so umsichtig gewesen, jedem Teilnehmer ein Exemplar meines Buches „Halt den Mund, hör auf zu heulen und lebe endlich!" zu schenken. Das fand ich sehr gut. Endlich mal eine Firma, die in die Leistung ihrer Angestellten investiert.

Als ich auf die Bühne trat, empfingen die Jungs mich mit einem donnernden Applaus, wie ihn wohl nur wenige Redner bekommen. Ich hielt meinen Vortrag. Als ich fertig war, standen sie vor Begeisterung auf den Stühlen. Über eine Stunde lang standen sie Schlange, um sich mein Autogramm abzuholen. Das war kein Treffen für die Geschäftsleitung, sondern für die Arbeiter – die Leute, die jeden Tag auf Montage sind und direkten Kontakt zur Kundschaft haben. Dieses Unternehmen hatte etwas kapiert. Sie hatten ihr Geld da angelegt, wo es am wichtigsten war – an der Front, bei den Leuten, die das Ergebnis erwirtschaften.

Erziehung bedeutet nicht, Potenzial zu entwickeln. Es ist nicht der Job einer Führungskraft, das Potenzial anderer zu wecken. Es ist die Aufgabe einer Führungskraft, Leute mit Potenzial anzuheuern und ihnen anschließend nicht im Weg zu stehen, damit sie ihr Potenzial frei entfalten können. Außerdem fehlt uns zur Erziehung heute meist die Zeit. Wir müssen aus weniger mehr machen, und das geht am besten, indem man nur die besten Leute einstellt und behält.

Geben Sie Ihre Zeit und Ihr Geld nur für diejenigen Mitarbeiter aus, die Potenzial haben. Die, die keines haben, sollten am besten gar nicht bei Ihnen arbeiten.

„Aber brauchen die, die kein Potenzial haben, Ausbildung nicht besonders nötig?" Schon. Wenn Sie auf Nächstenliebe aus sind, können Sie das gerne tun. Aber ein Geschäft zu führen ist teuer und zeitaufwändig. Deshalb noch einmal: Sie haben weder die Zeit noch das Geld, Leute ohne Potenzial auszubilden.

Ermutigen Sie Ihre Mitarbeiter, zu Fortbildungen zu gehen, Kurse zu belegen, Bücher zu lesen, Cassetten zu hören und DVDs zu sehen (von Seminar- und Erfolgstrainern, meine ich). Investieren Sie Zeit, um ihnen zu helfen, das Beste aus sich zu machen – im Leben wie im Beruf.

Ich finde, jede Firma sollte eine Bibliothek mit Fortbildungsmaterial haben, die allen zugänglich ist. Nicht nur mit Material über den Job (ordentlich ausgebildete Leute wissen fast immer selbst, wie sie etwas zu tun haben), sondern auch mit Unterrichtsmaterial, das den Leuten zeigt, wie man ein besserer Mensch wird. Es gibt auf dem Markt großartige Bücher über die Frage, wie man sich Ziele setzt und diese auch erreicht, und auch tolle CDs und DVDs zum Thema.

Stellen Sie sich mal die Frage: Wären Ihre Angestellten nicht besser, wenn sie wüssten, wie man sich Ziele setzt und wie man sie erreicht? Natürlich wären sie das. Diese Fähigkeit hat nichts zu tun mit den technischen und praktischen Fähigkeiten, die für einen bestimmten Job nötig sind; aber wie wir alle wissen, ist das eine lebensnotwendige Grundlagen-Kompetenz, die sich auch auf die Arbeitsleistung auswirkt. Was ist mit der Fitness? Wäre Ihre Firma nicht besser dran, wenn die Mitarbeiter sportlich fit und gesundheitsbewusster wären? Natürlich. Und Sie würden dabei obendrein noch Geld sparen. Denn gesunde Angestellte sind nicht so oft krank und kosten weniger Versicherung, und außerdem arbeiten sie besser, weil sie sich besser fühlen. Ist das eine Berufsqualifikation? Nein, aber eine Lebenskompetenz mit erstaunlichen Auswirkungen auf Ihr Geschäft.

Nur wenige Unternehmen fördern die Verbesserung von lebenspraktischen Fähigkeiten. Anscheinend verstehen sie nicht, dass nur gute Menschen gute Ergebnisse erbringen. Machen Sie es anders, und schulen Sie Ihre Leute in lebenspraktischen Fähigkeiten. Es lohnt sich.

Denken Sie aber daran, dass das Erlangen dieser Fähigkeiten letztlich in der Hand des Angestellten liegt. Man kann Angestellte nicht zu besseren Menschen machen. Das ist ihre persönliche Entscheidung. Aber die Firmen sind es sich schuldig, die Gelegenheiten dafür zu schaffen. Wenn Ihr Mitarbeiter anfragt, ob er ein bestimmtes Seminar besuchen darf, teilen Sie die Kosten dafür mit ihm. Wenn Sie auf ein großartiges Buch stoßen, von dem Sie denken, dass es Ihren Mitarbeitern sehr helfen würde, schenken Sie jedem von ihnen ein Exemplar (am besten, Sie fangen gleich mit diesem Buch an). Aus- und Fortbildung sind teuer, aber nicht so teuer wie ungebildete und unfähige Mitarbeiter.

> *„Seien Sie bei der Ausbildung großzügig; man kann nicht genug Geld dafür ausgeben."*
> *Tom Peters, Autor des Buches* In Search of Excellence

Praktizieren Sie das, was Sie predigen

Als Führungspersönlichkeit sollten Sie mit gutem Beispiel voran gehen und sich selbst mit Büchern und Seminaren, CDs und DVDs fortbilden. Sie sollten das Gelernte auch an andere weitergeben. Seien Sie anderen ein Vorbild.

Bitte tun Sie mir einen Gefallen. Schreiben Sie fünf Bücher auf, die Sie in den letzten zwölf Monaten gelesen haben oder zurzeit gerade lesen. Sie können auch dieses Buch hier aufführen:

1. _____

2. _____

3. _____

4. _____

5. _____

Bringen Sie es wirklich auf fünf Titel? Wenn ja, gut für Sie. Wenn Ihnen keine fünf Bücher zu dem Thema einfallen, sind Sie ein schlechter Chef. Tut mir leid, da kenne ich kein Pardon. Ich meine, was ich sage: Sie sind ein miserabler Chef, wenn Ihnen keine fünf Bücher einfallen, die Sie im letzten Jahr über das Leben und/oder das Geschäftsleben gelesen haben. Sie mögen ja in Sachen Arbeit ganz gut sein, aber von Menschenführung verstehen Sie nicht viel!

„Aber Larry, wo denkst du hin? Ich habe viel zu tun – ich hab keine Zeit, zu lesen!" Das ist für mich keine Entschuldigung. Sie finden immer die Zeit, das zu tun, was Ihnen wichtig ist. Sie haben nicht genug gelesen, weil es Ihnen nicht wichtig genug war. Ihre persönliche und berufliche Weiterentwicklung sollte es Ihnen aber wert sein, jeden Tag etwas Zeit dafür aufzuwenden.

> *„Jemandem ein Vorbild zu sein ist nicht die wichtigste Möglichkeit, ihn zu beeinflussen – sondern die einzige."*
>
> *Albert Einstein*

Delegieren

Um Müll einzusammeln, nimmt man keinen Porsche.

Das wäre viel zu teuer. Er ist für diesen Zweck nicht gebaut. Außerdem würde es zu lange dauern, die Arbeit zu erledigen. Statt einem Porsche nimmt man dafür ein Müllauto. Es ist das geeignete Fahrzeug für den Job; es erledigt ihn besser, schneller und sinnvoller. Denn es ist für diesen Zweck gebaut.

So ist es auch mit dem Delegieren. Eine Führungskraft sollte nicht Arbeiten machen, die auch ein anderer machen kann. Jemand, der billiger ist. Jemand, der schneller ist. Jemand, der darin geübt ist. Jemand, der diese Art Arbeit lieber mag. Das sind die Grundregeln des Delegierens: Wenn es ein anderer billiger, schneller, besser oder lieber macht, lassen Sie es ihn tun.

Noch einmal

Fragen Sie sich, bevor Sie selbst Hand anlegen:

Kann diese Arbeit günstiger erledigt werden, das heißt von jemandem, der weniger kostet als ich?

Kann sie schneller erledigt werden? Manche Menschen sind in manchen Dingen einfach schneller als Sie.

Kann die Arbeit besser erledigt werden? Auch wenn Sie das Sagen haben, gibt es Leute, die bestimmte Tätigkeiten besser verrichten als Sie. Lassen Sie sie ran. Beweisen Sie Ihre Intelligenz, indem Sie die Arbeit an jemanden abgeben, der sie besser macht als Sie.

Kann jemand die Arbeit machen, der es lieber tut als Sie selbst? Sie müssen nicht jede Arbeit gleich gern mö-

gen. Ob Sie es glauben oder nicht – es gibt Menschen,
denen es Spaß macht, andere zu feuern. Dazu gehörte
auch ich. Also ließ mein Boss mich die Kündigungen aus-
sprechen, weil ich es lieber tat als er.

Partizipieren

Sie müssen nicht von jedem Job wissen, wie man ihn macht, aber Sie sollten wissen, worauf es dabei ankommt. Ich war einmal Eigentümer einer Firma, die Telefonanlagen für Firmen verkaufte und installierte. Ich war gut darin, dafür zu sorgen, dass möglichst viele Telefonanlagen verkauft wurden, aber ich hatte keine Ahnung, wie man sie installiert. Deshalb passierte es zuweilen, dass ich Kunden Versprechungen machte, die nicht umzusetzen waren. Ein schlimmer Fehler. Mein Montageleiter platzte jedes Mal fast vor Wut, wenn ich mal wieder Dinge zugesagt hatte, die er und seine Mannschaft aus technischen Gründen nicht leisten konnten. Also machte ich einen Kurs, in dem ich erfuhr, was man wissen musste, um die Anlagen richtig zu installieren. Ich beobachtete, was nach dem Einbau der Telefonanlagen geschah. Ich ging vor Ort und sah zu, wie meine Mannschaft ganze Bürogebäude verkabelte, Buchsen installierte, das System programmierte, die Leitungen verlegte, die Telefone anschloss und alles ausprobierte. Ich lernte, was für jeden einzelnen Arbeitsschritt erforderlich war und wurde danach ein viel besserer Chef. Ich konnte danach immer noch nicht alles selbst machen, aber ich wusste, was dazu erforderlich war.

> *„Vom Bürostuhl aus kann man nicht sinnvoll ent-*
> *scheiden."*
>
> *General George S. Patton*

Wenn Sie ein Verhalten gut und nachahmenswert finden, belohnen Sie es. Dann werden andere kommen und dem nacheifern.

Larrys Leitlinien
zum Belohnen von Mitarbeitern

››› Belohnen Sie sofort. Warten Sie nicht bis zur nächsten Team-Sitzung am Monatsende. Wenn Sie bemerken, dass ein Mitarbeiter etwas „Belohnenswertes" tut, halten Sie inne und belohnen Sie ihn. Man sollte Leute ähnlich belohnen, wie man Hunde dressiert. Wenn Ihr Hund etwas richtig macht, dann halten Sie inne und streicheln ihn. Wenn Ihr Hund etwas falsch macht, schimpfen Sie ihn – auf der Stelle und kurz.

››› Belohnen Sie ausdrücklich. Sagen Sie nicht einfach etwas Allgemeines wie: „Sie machen das sehr gut." Das bedeutet nicht viel und verstärkt das gute Verhalten nicht genug. Sagen Sie lieber etwas wie: „Ich finde es gut, wie Sie den Kunden behandelt haben, indem Sie zu ihm sagten: (et cetera)." Je schneller und genauer Sie jemanden belohnen, umso wahrscheinlicher ist es, dass er sein Verhalten wiederholt.

››› Loben Sie sowohl öffentlich als auch privat. Wenn Sie jemanden sofort und punktgenau loben, bekommen die Kollegen das meistens gar nicht mit, weil sie gerade nicht in der Nähe sind. Das macht nichts. Manche Leute mögen es nicht, wenn man sie öffentlich belobigt dafür, dass sie einfach ihr Bestes geben. Andere fühlen sich vielleicht demotiviert, wenn immer nur bestimmte Leute gelobt werden. Aber einige Leistungen haben es verdient, dass man sie öffentlich hervorhebt. Sie sollten in der nächsten Team-Sitzung erwähnt werden, damit alle aus dem Vorfall lernen können. Loben Sie also auch öffentlich, wenn Sie es für angebracht halten.

››› Loben Sie auf kreative Art. Laut einer Studie, die ich gelesen habe, ist vielen Menschen Freizeit das Wichtigste. Warum also nicht jemanden mit einer zweistündigen Mittagspause belohnen? Oder – für ganz besondere Leistungen – mit einem freien Nachmittag oder einem ganzen Arbeitstag? Das ist eine kreative Belohnung und eine, über die man sich garantiert freut und die man sich merkt. Sie können jemanden auch belohnen, indem Sie der Person einen Fortbildungstag, ein Verkaufsseminar oder Ähnliches schenken. Oder ein Buch, eine CD oder DVD. Es ist nicht schwer, erfinderisch im Belohnen zu sein. Sie können Ihre Mitarbeiter auch einbeziehen und sie einfach fragen, was ihnen besonders gut gefällt.

››› Bleiben Sie positiv. Bitte entwerten Sie Ihr eigenes Lob nicht mit Formulierungen wie: „Gute Arbeit; ich würde sagen, Sie können noch einen Monat bei mir bleiben." Oder mit Vergleichen wie: „Jane hat es diese Woche sehr gut gemacht. Warum schafft Ihr anderen das nicht auch?" Damit stellen Sie Jane vor den anderen bloß und bestrafen sie sozusagen noch. Wenn Sie so etwas tun, erwarten Sie nicht, dass Jane ihre herausragende Leistung wiederholen wird. Niemand möchte auf diese Art und Weise als Vorbild hervorgehoben werden.

››› Belohnen Sie persönlich. Ihre Mitarbeiter sind ein bisschen wie Ihre eigenen Kinder; Sie können nicht immer alle absolut gleich behandeln. Mit dem einen gehen Sie zum Fußballspielen in den Park, mit der anderen zum Shoppen ins Einkaufszentrum. Eine möchte ein Eis, der andere lieber ein Steak. Zeigen Sie, wie gut Sie Ihre Mitarbeiter kennen, indem Sie sie mit etwas belohnen, das nur sie mögen. Vielleicht ist da eine Mitarbeiterin, die Blumen liebt. Schenken Sie ihr einen schönen Blumenstrauß. Eine andere liest gerne. Schenken Sie ihr ein Buch. Aber schenken Sie der Leseratte keinen Blumenstrauß, und umgekehrt. Alles klar? Sehen Sie, wie einfach das alles sein kann?

Ein Freund von mir besitzt eine Firma mit circa 100 Angestellten. Er ist ein Hüne, ein lauter, geselliger Bursche, dem persönliche Zuverlässigkeit über alles geht. Seine Lieblingsbeschäftigung ist, jemanden bei einer guten Aktion zu erwischen und demjenigen eine Hundert-Dollar-Note zuzustecken. Außerdem glaubt er sehr an Persönlichkeitsentwicklung und diesbezügliche Lektüre. Er geht gerne zu einzelnen Mitarbeitern und fragt sie, was sie so lesen. Dann fragt er sie, was ihnen an dem Buch am besten gefallen hat, denn er möchte sicher sein, dass sie es auch gelesen und verstanden haben. Anschließend gibt er ihnen den Hundert-Dollar-Schein. Wer von uns würde sich nicht über so ein Extra-Scheinchen freuen? Nachdem er das eine Zeitlang gemacht hatte, gab es in seinem Betrieb so gut wie niemanden, der nicht hart arbeitete oder das eine oder andere Business-Buch las, um auch mal einen Hunni zugesteckt zu bekommen.

Wenn Sie am Belohnen Ihres Personals aktiv teilhaben, zeigen Sie Ihrem Personal damit, dass Sie an der gesamten Arbeit Anteil nehmen – nicht nur an dem, was schief läuft, sondern auch an dem, was gut läuft.

Pausieren

Haben Sie alles getan, was ich Ihnen bisher vorgeschlagen habe? Haben Sie delegiert, kommuniziert, trainiert und partizipiert und so weiter? Und? Wie fühlen Sie sich jetzt? Müde und ausgelaugt? Das wundert mich nicht. Ist ganz normal. Jetzt sind Sie dran. Nehmen Sie sich eine Auszeit und verlassen Sie die Firma für ein Weilchen. Schauen Sie sich mitten am Tag einen Kinofilm an. Machen Sie die Tür zu, und halten Sie ein Nickerchen. Oder gehen Sie heute etwas früher heim und spielen Sie mit Ihren Kindern.

„Aber das geht doch nicht!" Wenn das Ihre Antwort ist, dann haben Sie noch nicht wirklich alles getan, worüber wir in diesem

Kapitel gesprochen haben. Sie haben Ihren Angestellten noch nicht beigebracht, selbständig zu arbeiten. Ein Unternehmen, das ständiger Aufsicht bedarf, ist nicht gut ausgebildet, gut gemanagt und gut geführt. Wenn Sie sich nicht wenigstens für ein paar Stunden aus dem Staub machen können, ohne dass alles zusammenbricht, sind Sie ein schlechter Boss und haben Ihren Job nicht richtig gemacht.

Außerdem brauchen Ihre Angestellten das Vertrauen, dass sie ihren Job auch ohne Sie machen können. Das ist der „Aus dem Weg, verdammt noch mal!"-Part des Ganzen. Sie müssen darauf vertrauen können, dass Sie Ihren Job richtig gemacht haben und dass Ihre Leute auch ohne Ihr Beisein funktionieren. Benehmen Sie sich nicht wie eine überfürsorgliche Mutter, die ihre vierzehnjährigen Sprösslinge nicht allein zum Schulbus gehen lassen will. Für Sie gilt der Ruf des Zugschaffners: „Zurückbleiben, bitte!"

Wie schon gesagt: Ich verbringe einen Großteil meiner Arbeitszeit im Flugzeug. Ständig muss ich mit ansehen, wie irgendwelche anderen Passagiere am Handy hängen, Befehle hineinbrüllen und ihre Angestellten überwachen – das geht oft so lange, bis der Flugbegleiter sie energisch auffordert, aufzuhören und sich endlich hinzusetzen. Später, kaum haben die Flugzeugräder den Boden berührt, werden die Handies wieder eingeschaltet, und die Schimpfkanonade geht weiter, mitten im Satz, wo sie zuvor aufgehört hatte. Wenn ich meine Ohren nicht lieber auf Durchzug stellen, sondern die ‚wichtigen' Anrufer zur Rede stellen würde, würden die bestimmt sagen: „Ich wollte doch nur wissen, was in meiner Abwesenheit im Büro los ist." Sie wären überzeugt davon, alles richtig zu machen, weil sie sich auch auf Reisen um den Betrieb kümmern. Die Wahrheit jedoch ist: Sie sind miserable Chefs, die ihre Leute entweder nicht richtig geschult haben oder ihnen allein nichts zutrauen. Ich bin der Meinung, viele von ihnen sind armselige Gestalten, die so sehr von sich eingenommen sind, dass sie allen Ernstes glauben, nur sie könnten richtig entscheiden.

Lernen Sie, zurückzubleiben. Zwingen Sie sich, von Zeit zu Zeit eine Auszeit zu nehmen, selbst wenn es nur ein paar Stunden sind. Auch wenn Sie nur mal um den Block gehen oder eine Tasse Kaffee trinken wollen. Vertrauen Sie darauf, dass Ihre Leute den Laden schon am Laufen halten werden. Lassen Sie sich von ihnen überraschen. Sollten sie tatsächlich in Ihrer Abwesenheit etwas falsch machen, dann haben Sie schon etwas zu tun, wenn Sie zurückkehren und können die Falten mit neuer Energie glatt bügeln.

Evaluieren

Sie haben Ihren Angestellten die Chance gegeben, ihre Arbeit zu machen, für die sie eingestellt und bezahlt wurden. Jetzt wird es Zeit, ihre Leistungen zu evaluieren. Es reicht nicht, Aufgaben zu verteilen und zu erwarten, dass sie erledigt werden. Bitte seien Sie nicht so naiv zu denken, dass die Arbeit, die erledigt werden soll, auch tatsächlich erledigt werden wird. Sie müssen das schon kontrollieren.

Achten Sie dabei auf diese beiden Dinge: Aktivität und Produktivität.

Ich bin kein großer Fan von Bienenfleiß. Aber ich mag es noch weniger, wenn Leute bloß dumm in der Gegend herumstehen oder –sitzen und nichts tun.

Als ich noch in der Telefon-Branche war, hatte ich einen Angestellten, einen Anlagenmonteur, der zwischen zwei Montagejobs den Besen in die Hand nahm und den Laden fegte. Es war nicht sein Job, den Laden zu fegen, aber wenn ich ihm das sagte, meinte er: „Ich weiß, aber fürs Herumstehen werde ich doch auch nicht bezahlt. Sie bezahlen mich dafür, dass ich arbeite, also arbeite ich auch."

Was meinen Sie? Ob das wohl lange gut ging zwischen ihm und mir? Wie viel Geduld haben Sie?

Aktivität ist nicht das Wichtigste beim Evaluieren, aber sie ist am leichtesten zu kontrollieren. Es ist nicht schwer zu sehen, ob gearbeitet wird oder nicht. Sehen Sie sich um – prüfen Sie ein paar Berichte und Zahlen, und Sie wissen bald Bescheid.

Am wichtigsten ist es jedoch, die Produktivität zu überprüfen. Es ist mehr als nur getane Arbeit; es geht darum, das Richtige auf die richtige Art und Weise zu tun. Die Frage ist nicht so sehr: „Wird die Arbeit erledigt?", sondern: „Werden die Aufgaben erledigt?"

Um die Produktivität zu evaluieren, müssen Sie selbst einige Arbeit aufwenden. Wenn Sie die Gesamtproduktivität Ihres Betriebes überprüfen wollen, müssen Sie sich die Leistung der einzelnen Mitarbeiter ansehen.

Man beachte: Ich sagte „Leistung". Sie sind nur berechtigt, die Leistung zu evaluieren, nicht den Urheber der Leistung. Es haben schon viele Menschen für mich gearbeitet, die ich einfach nicht mochte. Wen interessiert das schon? Sie haben ihre Arbeit gemacht. Wen interessiert es da, ob ich sie mag oder nicht?

Eine Ausnahme gibt es aber: Sie haben das Recht, einen Mitarbeiter zu kritisieren, wenn seine Persönlichkeit sich auf seine Leistung auswirkt. Wenn es so ein unsympathischer Kerl ist, dass Kunden und Kollegen nichts mit ihm zu tun haben wollen, haben Sie absolut das Recht, ihn darauf hinzuweisen. Wenn die Person so schwierig ist, dass es die Kontakte anderer mit ihr oder die gesamte Abteilung beeinträchtigt, ist es Ihre Pflicht, darauf hinzuweisen und die entsprechenden Konsequenzen zu ziehen. Wenn Ihnen ihr Lifestyle, ihre Frisur oder ihre religiöse Überzeugung nicht gefällt, ist das etwas anderes – das geht Sie nichts an. Stellen Sie sich einfach die Fragen: Wird die Arbeit erledigt? Wird sie so erledigt, wie ich es möchte? Wenn die Antwort „ja" lautet, belohnen Sie Ihre Leute dafür und widmen Sie sich wieder anderen Dingen. Alles andere kann Ihnen egal sein.

Konstruktive Kritik: Ein dummes Konzept

Wie kann ich es wagen, konstruktive Kritik ein dummes Konzept zu nennen? Sie ist doch ein exzellentes Führungsinstrument! Oh, Ihr Naivlinge! Denkt doch mal über den Begriff nach! „Konstruktiv" bedeutet, aufbauen. Kritik bedeutet, herunterziehen. Beides zugleich geht nicht. Wenn Sie Leute aufbauen wollen, nehmen Sie sich dafür die nötige Zeit und machen Sie es gründlich. Ermutigen Sie sie. Weisen Sie sie auf ihre Stärken hin. Sagen Sie ihnen, welche guten Eigenschaften sie besitzen. Dann schicken Sie sie los. Wenn die Zeit gekommen ist, wo sie einen Fehler machen – und sie werden Fehler machen, weil wir alle mal Fehler machen –, kritisieren Sie Ihre Leistung. Zeigen Sie ihnen, was sie falsch gemacht haben und erklären Sie ihnen, wie sie es besser machen hätten können.

Viele Autoren und Persönlichkeitstrainer sind der Meinung, man soll Kritik in Lob verpacken. Das ist so, wie wenn man jemandem ein Sandwich voll Sch ... zu essen gibt. Die netteren unter ihnen, zu denen ich natürlich nicht gehöre, nennen das ein „Lob-Sandwich". Ich habe mich immer darüber geärgert, wenn jemand diese dumme Methode bei mir versucht hat. Sie ist beleidigend. Sagen Sie mir einfach, was Sie denken, egal ob es nun gut oder schlecht ist. Ich bin schon groß. Ich kann das schon vertragen.

Wenn Ihnen jemand auf die Schulter tippt und Ihnen konstruktive Kritik anbietet, dann machen Sie sich auf ein Sandwich gefasst. Selbst wenn sie es mit Zimt-Rosinen-Brot (meinem Lieblingsbrot) servieren, ist der Hauptbestandteil trotzdem Sch ... Sagen Sie dann einfach: „Konstruktives höre ich immer gern. Wenn Sie nur Kritik üben wollen, lassen Sie's lieber. Was von beidem wollen Sie denn nun?"

Die wirkliche Gefahr, wenn man jemandem das Sandwich vorsetzt, ist die, dass die Kritik in der ganzen Lobhudelei untergeht. Wenn die Kritik aber verloren geht, dann geht auch die Lektion verloren, und alles war umsonst und es bleibt nur ein übler Nachgeschmack.

Machen Sie es einfach. Loben Sie, wenn Sie es für richtig halten, und tadeln Sie, wenn Sie es für richtig halten. Erinnern Sie sich noch an die Hunde-Lektion, die ich zuvor erwähnt habe? Freuen Sie sich sichtlich, wenn Leute ihre Sache gut machen. Wenn sie Mist bauen, korrigieren Sie sie rasch und kurz und deutlich. Dann gehen Sie in beiden Fällen wieder zum Tagesgeschäft über.

Übrigens, was ist so schlimm an Kritik? Schrecken Sie nicht davor zurück. Vergessen Sie nie, dass Ihre Firma, Ihre Abteilung, Ihre Kunden und Ihr Geld auf dem Spiel stehen. Sie haben absolut recht, wenn Sie Leuten gegenüber kritisch sind, die Sie für ihre Arbeit bezahlen.

Wille versus Fähigkeit

Wenn Sie Ihre Leute und deren Fähigkeiten evaluieren müssen, stellen Sie sich diese zwei Fragen:

1. Möchte die Person den Job richtig machen?
2. Kann die Person den Job richtig machen?

Sie werden herausfinden, dass die meisten Ihrer Angestellten die Fähigkeit haben, ihren Job richtig zu machen. Aber nicht alle wollen es wirklich.

Im Zweifelsfall ist mir immer jemand lieber, der zehn von zehn möglichen Punkten in Sachen Motivation bekommen müsste, aber nur einen Punkt in Sachen Fähigkeit. Ich kann fast jedem fast alles beibringen – deswegen ist mangelnde Fähigkeit für mich kein so großes Problem. Wenn Leute den ernsthaften Wunsch haben, etwas zu tun, dann ist es für gewöhnlich nicht schwer, es ihnen beizubringen. Aber wenn jemand keine Lust zu etwas hat, ist es dann nicht egal, ob er darin gut ist oder nicht? Sie können den fähigsten Menschen der Welt nehmen; wenn er eine Arbeit nicht machen will, macht er sie auch nicht.

Früher leitete meine Frau eine Telekommunikationsfirma. Sie hatte eine ausgezeichnete Angestellte, die im Kundendienst arbeitete, aber unbedingt in den Außendienst wollte.

Meine Frau Rose Mary gab dieser erstklassigen Angestellten den Job im Außendienst, aber dann kam es zu einem echten Desaster. Sie kam mit der Einteilung von Terminen und Verkaufsgebiet nicht zurecht. Sie verlor den Spaß, fing an zu spät zu kommen, und ihre Einstellung ging den Bach hinunter. Das Problem: Eine hervorragende Angestellte, aber im falschen Job. Die Lösung: Sie in ihre alte Abteilung zurückversetzen. Es war nicht leicht. Es war für die Angestellte sehr peinlich, weil sie zugeben musste, dass sie etwas, was sie so gerne getan hätte, nicht gut konnte. Und für Rose Mary war es schwierig, weil bereits eine andere Person den Arbeitsplatz der Frau eingenommen hatte. Aber sie versetzte sie zurück, weil wirklich gute Mitarbeiterinnen nicht leicht zu finden sind und weil sie es wert sind, dass man sie beschützt und in der Firma hält.

Diese Angestellte hatte den Willen, alles richtig zu machen, aber nicht die Fähigkeit dazu. Tun Sie als Manager Ihr Bestes, damit Wille und Fähigkeit Ihrer Leute in Einklang sind. Wenn Sie das schaffen, haben Sie Leute, die Großartiges leisten.

Manchmal haben Sie Personen unter sich, die weder den Willen noch die Fähigkeit haben, und denen beides zu erlangen nicht wichtig erscheint. Was Sie mit denen tun sollen? Raten Sie mal!

Amputieren

Ich sehe gerne Fernsehberichte über Tiere. Ich mag Jeff Corwin und all die anderen komischen Typen von „Animal Planet". Vor Jahren habe ich einmal in einem Beitrag gesehen, wie man Affen fängt. Die Affenfänger legten Glaskrüge mit Erdnüssen aus. Die Krüge hatten nach oben hin schmale Öffnungen, waren aber nach unten hin ziemlich breit und aus schwerem Glas. Wenn ein Affe mit der Hand in den Krug fuhr, um die Erdnüsse herauszuholen, war seine erdnussgefüllte Faust zu groß, um durch die schmale Öffnung des Glases zu passen. Der Affe war gefangen. Aus Angst, die Erdnüsse wieder fallen lassen zu müssen, ließ er nicht lange genug los, um die Hand herauszubekommen. Ich fürchte, er hatte Angst, er würde sonst nie wieder Erdnüsse bekommen, und ließ deshalb nicht mehr los.

So ähnlich machen es auch viele Manager und Gruppenleiter. Sie haben so viel Angst, ihr Personal zu verlieren, dass sie schließlich in der Falle sitzen. Ich schätze, sie befürchten, dass es zu wenig Auswahl an Arbeitskräften gibt und klammern sich deshalb verzweifelt an die Leute, die sie haben. Das ist doch traurig, oder? Dabei gibt es genügend Nüsse und Leute zur Auswahl. Es gibt nicht eine Person, die man nicht ersetzen könnte. Stattdessen gibt es da draußen eine Reihe sehr fähiger Menschen, die liebend gerne für Sie arbeiten würden. Leute, die ihre Chance sofort nutzen und alles genauso machen würden, wie man es braucht. Leute, die bereit sind, hart zu arbeiten, pünktlich zu erscheinen, Anweisungen zu befolgen und Ihre Kunden aufmerksam zu bedienen. Aber es kann sein, dass Sie diese Leute niemals finden und sie niemals zu Ihnen finden, bloß weil Sie es nicht fertig bringen, die Leute zu entlassen, die Sie schon haben und die ihren Job nicht richtig machen.

Die Lösung des Problems? Öffnen Sie Ihre Faust und lassen Sie die Leute gehen. Trennen Sie sich von ihnen! Amputieren Sie sie!

Eine meiner Abteilungsleiterinnen hatte es einmal sehr schwer, einen ihrer Angestellten zu entlassen. Ich fragte sie, warum das so ein großes Problem für sie sei. Sie sagte: „Das kann ich ihm doch nicht antun!" Ihre Antwort verblüffte mich. Der Typ, um den es ging, war wirklich schrecklich. Er kam dauernd zu spät, war unhöflich und machte seine Arbeit schlecht – in jeder Hinsicht eine Enttäuschung. Aber die Abteilungsleiterin hatte Probleme damit, sich von diesem Kerl zu trennen. Da erinnerte ich sie daran, dass eine Kündigung sich nicht *gegen* jemanden richtet, sondern etwas ist, was man *für* jemanden tut.

> *Sie kündigen nicht, weil Sie etwas* gegen *jemanden tun wollen, sondern weil Sie etwas* für *jemanden tun wollen.*

Ja, Sie haben richtig gelesen. Jemanden zu entlassen, tut demjenigen gut; es geschieht eigentlich nur zu seinem Besten. Derjenige, der entlassen wird, passt nicht in Ihre Firma. Seine Fähigkeiten passen nicht zu Ihrem Bedarf. Seine Einstellung passt nicht zu dem, was Sie erreichen und verbreiten wollen. Er hat einfach Vorstellungen, die sich mit Ihren nicht decken. Er bringt Sie dem, was Sie erreichen wollen, nicht näher, sondern ferner.

Lassen Sie solche Leute gehen, damit sie einen Arbeitsplatz finden können, der besser zu ihnen passt. Glauben Sie, sie wissen nicht, dass sie nicht zur Firma passen? Sie können mir glauben, die merken das sehr genau. Ob sie es für sich selbst zugeben oder nicht – sie wissen, dass sie nicht in Ihr Unternehmen passen.

Hören Sie daher auf zu denken, Sie würden den Angestellten verletzen. Das tun Sie nicht. Sie helfen ihm nur, anderswo hinzugehen, wo er vielleicht glücklicher wird und wo seine Fähigkeiten vielleicht mehr geschätzt werden. Irgendwohin, wo sein Profil zu dem passt, das die Firma sucht.

Natürlich gebe ich zu, dass viele eine Entlassung nicht so aufnehmen, als würde man ihnen damit einen Gefallen tun. Viele werden sehr sauer darüber sein, dass Sie sie entlassen haben. Nun ja. Das ist nicht Ihr Problem. Ihr einziges Problem ist, sie dazu zu bringen, dass sie möglichst schnell ihre Sachen packen und verschwinden. Es ist nicht Ihr Problem, ob sie die Kündigung verstehen oder akzeptieren. Sie sollten sich nicht lange rechtfertigen oder mit ihnen herumstreiten. Sagen Sie ihnen lediglich, warum Sie sie entlassen. Sehen Sie zu, dass Sie ein paar dokumentierte Beweise haben, sprechen Sie die Kündigung aus, begleiten Sie sie zur Tür und wünschen Sie ihnen alles Gute. Danach stellen Sie jemand anderen ein, der die frei gewordene Stelle einnimmt.

Schauen Sie sich Ihre Organisation genau an. Gibt es da Leute, die man eigentlich längst hinauswerfen müsste? Na also, worauf warten Sie noch? Tun Sie es! Trennen Sie sich von ihnen!

„Und was ist, wenn sie mich verklagen?" Sie haben recht – vielleicht tun sie es ja. Wir sind eine große Gesellschaft von Prozesshanseln geworden, und das finde ich zum Kotzen. Das waren noch Zeiten, als ich als Eigentümer einer Firma zu meinen Mitarbeitern sagen konnte: „Sie arbeiten schlecht, Sie sind ein Idiot/ein Lügner/ ein Dieb, Sie nerven mich allein schon durch Ihren Anblick – Sie sind entlassen." Mann, wie ich mich nach diesen Zeiten zurücksehne! Heute geht das nicht mehr so einfach. Heute gilt es, bestimmte Regeln einzuhalten. Sie können Leute nicht einfach feuern, weil sie ihren Job nicht richtig machen. Sie müssen Beweise dafür sammeln, mehrere Abmahnungen aussprechen, Aussprachetermine anbieten – lauter dummes, aufwändiges, sinnloses Zeug.

Lassen Sie mich hier eines richtig stellen: Wenn ich Ihnen rate, jemanden zu entlassen, schlage ich Ihnen deswegen noch lange nicht vor, das Gesetz zu brechen. Tun Sie, was das Gesetz und die Richtlinien Ihres Unternehmens von Ihnen verlangen. Allerdings meine ich:

Es ist besser, Ihr Geld in einen richtig guten Anwalt für Arbeitsrecht zu investieren als in einen erwiesenermaßen schlechten Mitarbeiter. Es ist besser, gegen solche Leute von außen anzugehen als innerhalb der Firma.

> *Bezahlen Sie lieber einen guten Anwalt als einen schlechten Angestellten.*

Dulden Sie keine schlechten Angestellten

Ich trete in diesem Buch entschieden dafür ein, dass man schlechte Angestellte auf keinen Fall behalten sollte. Ist das unvernünftig? Klar ist es das. Außerdem ist es schlichtweg unmöglich. Erinnern Sie sich an das, was ich über das 20–60–20-Prinzip gesagt habe. Selbst wenn Sie die unteren 20 Prozent Ihrer Leute loswerden, nehmen über kurz oder lang andere deren Stelle ein. Das bedeutet, schlechte Mitarbeiter wird es immer geben. Aber man muss sie nicht einstellen – zumindest nicht für längere Zeit. Ändern Sie sie, oder entlassen Sie sie. Tolerieren Sie sie aber nicht eine Minute länger, als Sie unbedingt müssen. Zur Hölle mit all den dummen Gesetzen, die nur diejenigen schützen, die nicht willens sind zu arbeiten. Ihre Firma ist zu wichtig, um sie in inkompetente Hände zu geben. Ihre Kunden sind zu wichtig, um sie Leuten zu überlassen, die sich einen Dreck um sie scheren. Lassen Sie schlechte Mitarbeiter so schnell wie möglich gehen. Tun Sie es, auch wenn Sie wissen, dass danach vielleicht noch mehr schlechte Leute kommen werden.

Das alte Klischee „Wer zahlt, schafft an!" hat seine Berechtigung. Die Firma hat das Recht, zu entscheiden, welche Geschäftspolitik sie verfolgt. Die Mitarbeiter haben ihrerseits das Recht, zu gehen, wenn sie mit dieser Geschäftspolitik nicht übereinstimmen. Und die Firma hat das Recht, anderen dabei zu helfen, neue Chancen wahrzunehmen, indem sie ihnen die Tür offen hält und sie gehen lässt.

Dr. James Kohner, ein Zahnspezialist und Freund von mir, hat eine gut gehende Praxis in Scottsdale, Arizona. Als er kürzlich ein paar Änderungen in seiner Art der Geschäftsführung vornahm, rief das bei etlichen seiner Angestellten Proteste hervor. Seine Reaktion auf die Proteste seines Personals war meiner Meinung nach klassisch und einzig richtig. Er sagte: „Vergesst nicht, auf der Eingangstür steht *mein* Name!" Und Schluss.

Schlechte Angestellte können Ihr Geschäft kaputt machen

Schlechte Angestellte schaden den Kunden. Es ist absurd, wenn Leute zulassen, dass die Kundschaft, die ihr Geschäft schließlich am Leben hält und für Umsatz und Gewinne sorgt, von schlechten Mitarbeitern bedient wird; und doch geschieht das Tag für Tag, überall. Lassen Sie es niemals zu, dass Ihre Kunden auch nur vorübergehend von irgendwem schlecht behandelt werden!

Schlechte Angestellte schaden ihren Kolleginnen und Kollegen. Wenn Sie bei einzelnen Personen schlechte Leistung tolerieren, bekommen andere Mitarbeiter den Eindruck, es sei in Ordnung, sich schlecht zu benehmen oder etwas weniger als üblich zu leisten. Solange es für den Chef in Ordnung ist, ist doch alles okay, nicht wahr? Wenn Sie sich aber weigern, andere als intergalaktische Leistungen von allen zu akzeptieren, haben Sie eine viel größere Chance, auch wirklich intergalaktische Leistungen zu bekommen.

Schlechte Angestellte untergraben Ihre Glaubwürdigkeit als Vorgesetzter und Manager. Jeder Mitarbeiter Ihrer Firma weiß, wer der King ist und wer der Sündenbock ist. Es ist ein offenes Geheimnis, wer sich nur so durchmogelt und wer gern alle Fünfe gerade sein lässt. Wenn Sie solche Leute gewähren lassen, verlieren Sie damit den Respekt Ihres Personals, sogar den der Nichtstuer und Faulpelze! Bewahren Sie sich den Respekt Ihrer Mannschaft, indem Sie wenn nötig handeln, das heißt schlechte Angestellte entweder zu bessern versuchen oder feuern.

„Okay, okay, wie geht das mit dem Feuern?" Oder: Sehen Sie zu, dass es Sie nicht trifft!

Sie wissen mittlerweile, dass ich absolut dafür bin, Leute loszuwerden, die nichts zum Firmenerfolg beitragen. Reden wir also darüber, wie das zu bewerkstelligen ist.

Keine Überraschungen, bitte!

Das eine möchte ich klarstellen: Wenn Sie jemanden aus heiterem Himmel entlassen wollen, kann es passieren, dass Sie selbst gehen müssen. Sie müssen sich absichern, dass Sie schlechte Angestellte gewarnt haben, dass ihnen eine Kündigung droht, falls sie weiterhin so handeln. Die Kündigung darf nicht überraschend kommen. Dass Angestellte meinen, ihre Leistung sei okay, nur weil Sie als Manager Ihren Job nicht gemacht und sie nicht darauf hingewiesen haben, ist nicht hinnehmbar. Jemanden unter solchen Umständen zu entlassen, ist ebenfalls nicht hinnehmbar. Natürlich gibt es Situationen, in denen sofort gehandelt und auf der Stelle, ohne Vorwarnung, gekündigt werden muss – aber solche Situationen sind selten.

Larrys Liste
zum Thema Kündigungen und Entlassungen

››› Kommunizieren Sie mit Ihren Leuten. Erklären Sie ihnen, was das Problem ist, versichern Sie sich, dass sie Ihre Haltung verstehen (nicht akzeptieren, verstehen reicht) und lassen Sie sie wissen, dass ein erneutes, nicht hinnehmbares Verhalten eine Kündigung zur Folge haben kann. Wenn es wieder passiert, erinnern Sie sie an die vorhergehende Unterredung und entlassen Sie sie sofort.

››› Es geht um Ergebnisse. Begründen Sie Kündigungen und andere disziplinarische Maßnahmen immer mit dem Hinweis auf die Ergebnisse. Dafür bezahlen Sie die Leute. Argumentieren Sie deshalb auch damit. Lassen Sie Ihre Begründung nicht persönlich werden und lassen Sie auch nicht zu, dass Ihr Gegenüber persönlich wird. Konzentrieren Sie sich auf die Argumente Ergebnisse und Leistung.

››› Tun Sie es schnell. Drohen Sie nicht lange, und zögern Sie es nicht lange heraus. Wenn Mitarbeiter, denen Sie bereits gekündigt haben, noch stunden- oder gar tagelang im Haus sind, kann das sehr destruktiv für alle werden. Sie können Sie bestehlen, die ganze Moral der Firma untergraben und alles Mögliche anzetteln, um Ihnen und Ihrer Firma zu schaden. Entlassen Sie sie und begleiten Sie sie auf der Stelle zur Tür hinaus.

››› Argumentieren Sie nicht. Wenn Sie die Entscheidung zur Entlassung eines Angestellten getroffen haben, gibt es keinen Grund, lange herumzudiskutieren. Teilen Sie der Person die Entscheidung mit, kündigen Sie ihr und geleiten Sie sie zur Tür.

››› Ziehen Sie Zeugen hinzu. Da wir nun mal in so einer prozessfreudigen Gesellschaft leben, empfehle ich Ihnen auch, sich Notizen zu machen. Diese Dokumentation und ein oder mehrere Zeugen können Ihnen viel Geld und rechtliche Probleme ersparen. Wenn Sie wollen, können Sie eine Entlassungsabfindung bezahlen.

››› Fügen Sie bei allen Neueinstellungen den Zusatz „jederzeit kündbar" an. Dieser kleine Zusatz sorgt dafür, dass Sie bei etwaigen
Entlassungen rechtlich auf der sicheren Seite sind. Teilen Sie Leuten, die Sie neu einstellen, mit, dass sie „jederzeit kündbar" sind,
was bedeutet, dass Sie sie jederzeit nach Gutdünken entlassen
dürfen. Schreiben Sie es fest in den Arbeitsvertrag. Aber fragen
Sie zuvor Ihren Rechtsanwalt, damit Sie nicht meinetwegen ver-
klagt werden.

„Aber Larry, Du hast doch was vergessen: Was ist mit ‚motivieren'"?

Erstens muss ich dazu sagen, wenn ich „motivieren" als neuntes
Wort hinzufügen müsste, müsste ich das Ganze ja „Die neun Grundsätze der Personalführung" nennen und nicht „Die acht Grundsätze
…", und das klingt nicht halb so gut. Zweitens glaube ich nicht an
Motivation. Deswegen verstehe ich mich auch nicht als Motivationsredner. Es gab mal eine Zeit, da nannte ich mich so – wie meine
5.000 professionellen und nicht professionellen Kollegen. Aber irgendwann wurde mir klar, dass ich noch nie erfolgreich darin war,
eine Person zu etwas zu motivieren. Auch Sie bestimmt nicht. Deshalb nannte ich mich lieber The World´s Only Irritational Speaker"
® („Der Einzige Irritationsredner der Welt"). Ich bin überzeugt, ich
kann Sie nicht wirklich motivieren, sich aus Ihrer momentanen Situation zu lösen und sich eine bessere zu suchen. Aber ich garantiere
Ihnen, dass ich Sie so lange reizen kann, bis Sie sich irgendwann von
selbst woandershin bewegen.

Folgen Sie mir und werden Sie zu einem ‚Irritationsführer'. Das ist
ein Personalführer, der so lange exzellente Leistungen anmahnt, bis
seine unwilligen Angestellten sich so sehr gereizt fühlen, dass sie
entnervt das Handtuch werfen und ihm und ihrer Firma den Rücken

kehren. Hängen Sie Ihre Ziele und Leistungsstandards so hoch, dass nur die Besten und Intelligentesten damit klar kommen. Alle anderen sollen zu anderen Betrieben mit niedrigeren Anforderungen gehen.

Denken Sie immer daran, dass es nicht Aufgabe der Vorgesetzten ist, andere zu motivieren. Das klappt sowieso nicht, also verschwenden Sie gar nicht erst Ihre Zeit damit. Sie können Leute nicht motivieren. Sie können sie höchstens bedrohen, zu etwas zwingen, ihnen mit Bonuszahlungen, Freizeit-Ausgleich oder Extrabonbons winken. Aber es läuft immer auf eines hinaus: Die Leute tun, was sie tun wollen, wann immer sie wollen beziehungsweise dann, wenn die Folgen, es nicht zu tun, schmerzhaft genug sind, um sie dazu zu bringen, es zu tun. Alles klar? Machen wir also ohne das neunte „–ieren" weiter.

Larrys Liste
zum Thema Personalführung

››› Beim Management (Geschäftsführung) geht es darum, *wie* ein Job gemacht werden muss; bei der Personalführung geht es darum, *was* den Job ausmacht und wie man Menschen dazu bringt, ihn zu machen.

››› Denken Sie daran: 20 Prozent Ihrer Leute sind super, egal, was Sie tun. 20 Prozent sind grottenschlecht, egal was Sie tun. Verwenden Sie Ihre Zeit darauf, den restlichen 60 Prozent zu helfen.

››› Kreieren Sie die richtige Arbeitsumgebung, Atmosphäre und Gruppenzusammensetzung.

››› Kommunizieren Sie klar das Ziel und die größeren Zusammenhänge.

››› Trainieren Sie diejenigen Mitarbeiter, die Potenzial haben, auch in puncto allgemeine lebenspraktische Kompetenzen.

››› Delegieren Sie Arbeiten, wenn diese von anderen billiger, schneller, besser oder lieber ausgeführt werden.

››› Partizipieren Sie, indem Sie am Tagesgeschäft aktiv teilnehmen und erwünschtes Verhalten belohnen.

››› Pausieren Sie von Zeit zu Zeit, damit Ihre Angestellten lernen, ihre Arbeit auch ohne Sie selbständig zu erledigen.

››› Evaluieren Sie Aktivitäten und die Produktivität Ihrer Angestellten; Letzteres ist erheblich schwieriger als Ersteres.

››› Amputieren (entlassen) Sie schlechte Angestellte; denken Sie dabei immer daran, dass es etwas ist, was Sie nicht *gegen*, sondern *für* sie tun.

››› Andere zu motivieren ist unmöglich – vergessen Sie es.

KAPITEL 13

Teamwork funktioniert nicht

Geschockt? Sind Sie erstaunt, dass ich das sage? Oder ärgerlich, weil Ihr Team, in dem Sie arbeiten, Ihnen sehr viel bedeutet?

Es ist aber so. Teamwork funktioniert nicht. Ich habe recht, und jeder, der das Gegenteil behauptet, liegt falsch.

Amazon führt mehr als 46.000 Buchtitel mit dem Wort(teil) „Team" oder „Teamwork". Alle sagen, man kann ein Geschäft ohne Teamwork nicht erfolgreich führen. Diese Bücher lügen alle. Ja, Sie haben richtig gehört: Sie lügen! Die meisten dieser Bücher wurden doch von Leuten geschrieben, die nie selbst eine Firma geleitet haben. Wenn sie wirklich eine geleitet hätten, dann wüssten sie, dass Teamwork nicht funktioniert und dass sie ihre Leser anlügen, indem sie ihnen eine sinnlose Idee verkaufen.

Vielleicht haben Sie schon in einer Firma gearbeitet, die für teures Geld einen „Team-Berater" angeheuert hat. Diese Leute denken sich komplizierte Spiele und Übungen aus, um den Mitarbeitern beizubringen, wie man im Team zusammenarbeitet. Da wird mit Seilschaften in den Bergen herumgeklettert, werden Safaris im Dschungel unternommen oder im Kollegenkreis während der Arbeitszeit Karten gespielt, um herauszufinden, wie man besser zusammenarbeiten könnte. Wahrscheinlich hatten Sie dabei eine Menge Spaß und viel zu lachen, aber Sie haben danach ganz bestimmt nicht besser zusammengearbeitet – zumindest nicht längerfristig.

> *Teamwork funktioniert nicht,*
> *weil jemand im Team nicht funktioniert.*

Es führt kein Weg an der Erkenntnis vorbei: Immer übernimmt irgendjemand seinen Teil an den Aufgaben nicht, und die Folge ist, dass das ganze Teamwork-Konzept auseinander fällt, während jemand anders dessen Arbeit zusätzlich mit übernehmen muss, um das Projekt plangemäß fertig zu bekommen. Das Ende vom Lied sind Ärger und Missstimmigkeiten.

Sie wissen genau, wie recht ich habe. Vielleicht waren sogar Sie selbst schon mal der, der das Päckchen eines anderen zusätzlich schultern musste. Sie fragen sich sicher, woher ich weiß, dass Sie in der Rolle des Guten waren? Nun, ich weiß es, weil Sie jetzt dieses Buch lesen. Ein Faulpelz wäre viel zu bequem und uninteressiert daran, dieses Buch zu lesen; er geht der Arbeit und der Verantwortung gern aus dem Weg – sogar dieses Buch wäre ihm schon zu viel. (Jetzt verstehen Sie besser, was ich meine, oder?)

Im Team gibt es kein „Ich"

Ich bin immer wieder darüber erstaunt, dass dieses dumme Klischee auf so vielen Postern in so vielen Büros hängt. Manche Leute setzen ihr breites Geschäfts-Lächeln auf, holen ihre vorbereiteten Banner heraus und schwingen bei geschäftlichen Anlässen Reden rund um dieses lächerliche Thema.

Es gibt in der Tat kein Ich im Wort „Team". Es gibt ein T, ein E, ein A und ein M, kein „I" wie englisch „ich". Deshalb klappt die ganze

Chose auch nicht. Das fehlende Ich zeigt uns allen, warum das mit dem Team nicht funktioniert: Es geht nie um das Team, sondern immer nur ums Ich. Die Leute wollen individuell erkennbar sein und scheren sich in Wirklichkeit den Teufel um ihr Team. Wenn Sie anderer Meinung sind, weiß ich genau, was für eine Art Angestellter Sie sind. Sie sind ein Typ von mittelmäßiger Leistungsfähigkeit, der sich lieber hinter der Gruppe versteckt, als seiner individuellen Talente wegen anerkannt zu werden – wahrscheinlich, weil Sie nicht viele davon haben.

> *„Es gibt kein Ich im Wort Team, aber wenn Sie die Buchstaben durcheinander werfen, kommt ME (dt. MICH) heraus."*
>
> *Gregory House von der Fernsehserie* House

Was ist die Antwort?

Anstelle von Teams sollten wir lieber Gruppen von Super-Individualisten bilden, die für ein gemeinsames Ziel eintreten. Dann sollten wir diesen Superstars erlauben, in einer Umgebung zusammen mit anderen Leuten ihrer Klasse zu arbeiten. Der gegenseitige Respekt für die Begabungen der anderen hilft ihnen dabei, das gemeinsame Ziel schneller zu erreichen und erlaubt ihnen, sich als Individuen hervorzutun, was für ihr Ego besser ist. Das besänftigt ihre „Und was habe ich davon?"-Mentalität, die wir alle besitzen, denn dann muss der Einzelne das ihm gebührende Lob nicht mit anderen teilen, die nicht wirklich dazu beigetragen haben. Egal, was man Ihnen gesagt hat – die Leute teilen nicht gern miteinander. Ach ja, darf ich mal von Ihrer Schokolade beißen? Sehen Sie jetzt, was ich meine?

Wir müssen immer noch zusammenarbeiten

Auch Superstars, die ein gemeinsames Ziel vor Augen haben, müssen fähig sein, zusammenzuarbeiten, und sie werden das gerne tun, wenn es andere Superstars gibt, deren Talente und Fähigkeiten sie gut finden. Superstars arbeiten gerne mit ihresgleichen zusammen. Aber das ist kein Teamwork. Das ist eine Gruppe von Individuen, die für ein gemeinsames Ziel arbeitet, mit individuellen Aufgaben, unterschiedlichen Tätigkeits- und Verantwortungsbereichen, für die sie am Ende auch individuell belohnt werden.

Superstars sind keine guten Mannschaftsspieler. Warum sollten sie es sein, wenn die Mannschaft aus inkompetenten, mittelmäßigen Leuten besteht?

Superstars stehen gerne allein im Rampenlicht. Das ist ihr gutes Recht. Sie sollten für ihr eigenes Werk gelobt werden. Andere werden ebenfalls für ihr eigenes Werk gelobt. Und der Gruppenführer bekommt sein Lob für die gelungene Projektkoordination. Sehen Sie, wie es funktioniert?

Superstars wollen gut aussehen. Lassen Sie sie ruhig. Lassen Sie sie nicht in der Mannschaft untergehen. Dann werden sie unzufrieden und unwillig und sehen sich vor die Entscheidung gestellt: Soll ich bleiben und zusehen, wie diese Idioten das ganze Lob für meine Arbeit einheimsen, oder soll ich woanders hingehen, wo man meine Talente besser anerkennt?

Wenn sie bleiben, verlieren sie die Achtung vor ihrem Gruppenführer, weil er mit den Leistungsschwachen ebenso zufrieden ist. Schließlich werden einige von den Superstars das gemeinsame Ziel aus den Augen verlieren und das Vertrauen in das Projekt einbüßen, bis sie mittelmäßige, abstoßende, menschenverachtende Typen werden.

Dann kommt der Gruppenführer daher und sagt: „Was ist mit dem passiert?" Was passiert ist, war ein miserabler Führungsstil.

Superstars langweilen sich schnell. Sie halten nicht mit dem Tempo der Gruppe Schritt, sondern legen ihr eigenes Tempo vor, das normalerweise weit schneller als das der übrigen ist. Wenn Sie versuchen, sie zu bremsen, damit auch Hinz und Kunz noch mitkommen, ärgert das sie nur und lässt sie ganz langsam werden.

Wenn im Team jemand ausrutscht und die anderen sein Päckchen mit übernehmen müssen, verliert der Gruppenführer an Glaubwürdigkeit, denn er toleriert die schwache Leistung und untergräbt die gemeinsamen Bemühungen damit, ohne es zu wollen. In der Regel eilt er zu dem Schwachen, um ihn wieder auf die Spur zu bringen, was in fast allen Fällen reine Zeitverschwendung ist. Das führt den Gruppenleiter von dem weg, was er eigentlich tun sollte, nämlich den Superstars auf jede erdenkliche Weise dabei zu helfen, das Projekt als Ganzes voran zu bringen.

„Ein fauler Apfel verdirbt das ganze Fass"

Das ist ein altbekannter Spruch, den wir alle schon einmal gehört haben, den wir verstehen und richtig finden. Aber umgekehrt gilt: Auch ein ganzes Fass gesunder Äpfel kann nicht den einen faulen Apfel vor dem Verderben bewahren. Opfern Sie nie ein ganzes Fass wegen eines einzigen faulen Apfels. Das Einzige, was man mit faulen Äpfeln tun sollte, ist, sie wegzuwerfen.

Es ist ähnlich wie im Sport: Wenn Sie einen Spieler haben, der nicht imstande ist, seine Leistung zu erbringen, erneuern Sie seinen Vertrag nicht; Sie versuchen ihn zu verkaufen oder trennen sich anderweitig von ihm. Aber wie schon gesagt, es wird immer schlechte Angestellte geben. Man kann sie nicht alle loswerden. Also tun Sie, was Sie können, um die Bahn für die Superstars frei zu machen.

„Gute Verkaufszahlen entschädigen für vieles"

Meine Eltern haben mir das in all den Jahren meiner Kindheit und Jugendzeit immer wieder gesagt. Sie arbeiteten beide als Einzelhändler und wussten um die Bedeutung guter Verkaufszahlen. Aber der Spruch ist nicht nur auf den Handel anwendbar – er gilt für das ganze Leben. Er erinnert uns daran, uns immer wieder auf die Ergebnisse zu konzentrieren.

Der Spruch gilt für alle möglichen Lebensbereiche, aber besonders, wenn es um die Superstars geht.

Vor vielen Jahren, als ich noch Kundenberater bei Southwestern Bell war (Kundenberater ist nur ein moderneres Wort für Verkäufer), musste ich häufig Absatzprognosen und Verkaufsberichte erstellen, plus Voraussagen fürs nächste Quartal und fürs nächste Jahr. Es war eine Aufgabe, die ich gar nicht mochte. Ich glaubte nicht sehr an diese Zahlen und fand schnell heraus, dass sie der Firma nicht wirklich für Planungszwecke dienten, sondern als nutzlose Vorlagen in irgendwelchen Schubladen abgelegt wurden und bestenfalls zur Rechtfertigung der Daseinsberechtigung irgendwelcher Mitarbeiter verwendet wurden. Ich war ein guter Verkäufer – einer der besten. Ich lag immer über dem Soll. Deshalb beschloss ich nach einiger Zeit, mit dem Papierkram aufzuhören. Er erschien mir sinnlos, und sinnlose Arbeiten waren mir schon immer verhasst.

Mein Boss nahm mich zur Seite und sprach ein ernstes Wort mit mir. Ich sagte ihm, meine Quote liege bei 200 Prozent und ich dächte, ich würde fürs Verkaufen bezahlt und nicht für den Papierkram. Ich wolle weiterhin so viel wie bisher verkaufen, und sie könnten doch das von mir eingespielte Geld einstreichen und dafür auf den Papierkram verzichten. Mein Boss war nicht dumm. Er stimmte mir zu und befreite mich von der Papierarbeit. Er wusste, ich hatte recht. Außerdem sah auch er besser aus, wenn er einen so guten Verkäufer in seinen Reihen behielt.

Was lernen wir daraus? Superstars bestimmen ihre Regeln selbst.

Sie finden das nicht in Ordnung? Nicht fair? Wenn Sie so denken, sind Sie bestimmt kein Superstar. Die Asse setzen sich nicht für Gerechtigkeit ein, wenn es nur darum geht, Leistungsschwache zu decken. Superstars kümmern sich um die Ergebnisse.

Superstars können es sich leisten, die Regeln selbst festzulegen, denn sie erbringen Super-Ergebnisse. Sie müssen sich nicht nach den Regeln der mittelmäßigen Mehrheit richten, weil ihre Ergebnisse nicht mittelmäßig sind. Das bedeutet, sie können beinahe tun, was sie wollen – solange ihre Ergebnisse überdurchschnittlich sind.

Mit den Ergebnissen ändern sich auch die Spielregeln. Wenn die Ergebnisse eines Superstars nicht mehr überdurchschnittlich sind, muss er wieder ins Glied zurück und sich nach den Regeln der anderen richten.

Wenn Sie für mich arbeiten und es schaffen, dreimal so viel zu verkaufen wie jeder andere, dürfen Sie von mir aus kommen, wann Sie wollen und so lange bleiben, wie Sie wollen. Ich weiß nicht, was Sie alles machen, und es ist mir auch egal ... solange es rechtlich und moralisch in Ordnung ist, habe ich nichts dagegen. Ich möchte nur, dass Sie so weiter machen. Sagen Sie mir nur, was ich dafür tun kann. Oder sagen Sie mir, ich soll mich aus allem, was Sie angeht, heraushalten. Ist auch okay für mich.

Wenn Sie aber kaum etwas verkaufen, dann sollten Sie besser so früh wie möglich am Arbeitsplatz sein, das Mittagessen ausfallen lassen und abends erst nach mir gehen, damit ich wenigstens den Eindruck habe, dass Sie sich bemühen. Sie sollten mir über alles, was Sie tun, Bericht erstatten, denn laut Ihren Verkaufsberichten waren Sie bisher nicht sehr erfolgreich. Sehen Sie jetzt, warum Sie ein Problem für mich sind? Ich muss mich um alles kümmern, was Sie tun, weil Sie nun mal kein Superstar sind. Ist es da verwunderlich, wenn ich eher zu den Stars halte?

Wir alle leben nach unterschiedlichen Regeln, die auf unseren Ergebnissen basieren. Jeder bekommt, was er verdient. Wer sein Bestes gibt, bekommt mehr Freiraum.

Im Team jedoch ist so etwas nicht zu machen. Da ist eine ganze Gruppe für die Ergebnisse verantwortlich. Alle Mitglieder des Teams sind gleich zu behandeln, obwohl sie nicht gleich sind. Wie langweilig! Wie unproduktiv! Wie dumm!

Vorsicht, Teamworker!

Eine Menge Menschen sagen von sich mit stolz geschwellter Brust, sie seien gute Teamworker. Sie behaupten, es sei ihnen nicht wichtig, wer die Lorbeeren erntet, Hauptsache, die Arbeit wurde gemacht. Sie lächeln und sagen, sie könnten mit jedermann gut zusammenarbeiten. Sie sind beliebt. Sie haben alle Eigenschaften, die auf den ersten Blick sehr positiv wirken. Wie ist es bloß möglich, dass das, was so positiv klingt, sich hinterher oft als so negativ erweist?

Wem egal ist, wer die Lorbeeren erntet, der hat meistens selbst noch keine ernten können, weil seine Leistung dazu nicht gereicht hat. Wenn Sie schon einmal für besondere Leistungen belohnt worden sind, sagen Sie nicht mehr, es ist Ihnen egal. So etwas ist einem nicht egal.

Jeder Mensch, der behauptet, er komme mit jedermann gut aus, hat so wenig Rückgrat wie ein nasser Putzlappen. Wenn Sie mit jedem gut auskommen und bei jedermann beliebt sind, haben Sie nicht viel Profil. Wer für seine Prinzipien einsteht und seine Integrität nicht antasten lässt, ist nicht bei jedermann beliebt. Man respektiert ihn vielleicht, aber man mag ihn nicht besonders. Wer kommt schon mit jedem gut aus? Es kann nur jemand sein, der die Dummheit anderer Menschen nicht bemerkt oder toleriert. Jemand, dem es egal ist, dass die Kollegen nicht richtig arbeiten. Ich möchte so jemanden lieber nicht in meinem „Team" haben. Ich möchte Leute mit Überzeugung haben, die bereit sind, für das, was ihnen wichtig ist, zu kämpfen, dabei keine Kompromisse eingehen und Mittelmäßigkeit weder bei sich selbst noch bei anderen tolerieren.

Bitte verstehen Sie mich nicht falsch. Jeder muss fähig sein, mit anderen so weit zusammenzuarbeiten, dass man die gemeinsame Aufgabe gut bewältigt. Die Aufgabe richtig zu erledigen ist oberstes Gebot. Aber das ist etwas anderes, als ein „Teamworker" zu sein.

Larrys Tipps:
So arbeitet man (nicht) zusammen

››› Teamwork funktioniert nicht, denn es ist immer jemand im Team, der nicht arbeitet.

››› Anstelle von Teams sollten wir lieber Gruppen von Superstars bilden und deren Individualität nutzen.

››› Superstars stehen nicht gern zusammen mit anderen im Rampenlicht. Verlangen Sie das nicht von ihnen.

››› Superstars arbeiten gerne mit Ebenbürtigen zusammen, um ein gemeinsames Ziel zu erreichen.

››› Unterschiedliche Menschen brauchen unterschiedliche Regeln. Großartige Ergebnisse rechtfertigen mehr Freiraum.

››› Gute Verkaufszahlen entschädigen für vieles.

››› Hüten Sie sich vor Leuten, die behaupten, sie seien Teamworker!

KAPITEL 14

Sie sollen jemandem dienen

Jedermann auf diesem Planeten wird für eines und nur für eines bezahlt – dafür, anderen Menschen zu dienen. Je mehr Sie dies schaffen, desto mehr Geld bekommen Sie.

Im Geschäftsleben werden Sie dafür bezahlt, dass Sie den Kunden dienen. Was bedeutet das für uns? Nun, es geht um das uralte Thema Kundendienst.

Warum reden wir immer noch darüber?

Das frage ich mich auch. Warum? Weil ich es satt habe, immer wieder über Service zu schreiben und Vorträge zu halten. Die Redner sprechen über guten Kundendienst, die Trainer trainieren ihn, Autoren schreiben darüber, die Firmen bekennen sich zu ihm und die Angestellten geloben ihn zu leisten. Tagtäglich wird das Thema in allen Medien breitgetreten, aber es bewegt sich *nichts*. Der Kundendienst, den Sie und ich geboten bekommen, wenn wir etwas kaufen wollen, ist trotzdem äußerst dürftig. Lassen Sie mich in aller Deutlichkeit sagen: Kundendienst ist *nicht* so schwer. In der Tat ist es etwas so Einfaches, dass es einem fast schon bescheuert vorkommt, groß darüber reden zu müssen.

Alles, was Sie beachten müssen, ist: Tun Sie, was Sie versprochen haben, und zwar so, wie Sie es versprochen haben. Das ist alles. Halt, und seien Sie dabei höflich. Mehr ist es nicht. Noch mal zum Mitschreiben:

Tun Sie, was Sie versprochen haben,
und zwar so, wie Sie es versprochen haben.

Ist das zu viel verlangt?

Wenn Sie mir ein Versprechen geben, dann halten Sie es bitte auch. Wenn Sie mir Ihr Wort gegeben haben, nehmen Sie nichts davon zurück. Wenn Sie gesagt haben, Sie sind da, dann seien Sie auch da – und zwar zu den Zeiten, wo Sie es versprochen haben. Wenn Sie einen Fehler gemacht haben, geben Sie es zu und akzeptieren Sie die Folgen. Und wenn ich Ihnen Geld für eine Ware oder eine Dienstleistung gebe, dann seien Sie wenigstens ein bisschen dankbar und freundlich zu mir.

Ist das so schwer? Anscheinend schon, weil es so wenige schaffen. Die meisten Firmen sollten nach der Devise arbeiten: Wir sind nicht zufrieden, solange Sie nicht zufrieden sind!

Wo ist das Problem, Larry?

Es ist die Nachlässigkeit. Wir sind schlechten Service inzwischen so sehr gewohnt, dass er zur Norm geworden ist. Die meisten Leute geben sich lieber mit schlechtem Service zufrieden, als sich darüber zu beschweren. Wir wissen, wenn wir uns beschweren, wird der Service entweder noch schlechter, als er schon war, oder die Leute, bei denen beziehungsweise über die wir uns beschwert haben, ignorieren uns oder, noch schlimmer, sie lachen uns aus. Wir essen ohne zu murren ein angebranntes 35-Dollar-Steak, weil wir Angst haben, dass der Kellner, wenn wir Ersatz verlangen, heimlich darauf spuckt, bevor er es uns bringt. Wir scheuen die Auseinandersetzung, weil wir möglichst wenig mit Leuten zu tun haben wollen, denen es offensichtlich gleichgültig ist, was wir denken.

Und die Lösung?

Kennen Sie den Film *Network*? Peter Finch hat posthum einen Oscar bekommen für seinen Ausspruch: „Ich bin stinksauer, und ich ertrage es einfach nicht mehr!" Das ist die Lösung. Weigern Sie sich, es hinzunehmen! Hören Sie damit auf, sich mit Schlechtem zufrieden zu geben!

Ich weigere mich, schlechten Service einfach hinzunehmen. Ich lasse mich nicht von einem Angestellten oder einer Firma anlügen. Ich erlaube nicht, dass jemand unhöflich zu mir ist. Ich gebe Ihnen mein Geld erst dann, wenn Sie es sich verdient haben. Ich erinnere Sie an Ihre Versprechen, Ihre Firmenwerbung und Ihre Zusagen, und ich erwarte von Ihnen, dass Sie sie auch einhalten. Ich kann zu Ihrem schlimmsten Albtraum werden. Ich sorge dafür, dass Sie den Tag verfluchen, an dem Sie mich angelogen haben. Ich sorge dafür, dass Sie sich selbst hassen, weil Sie Ihr Wort nicht gehalten haben. Ich lasse erst dann locker, wenn es Ihnen aufrichtig leid tut, dass Sie meine Bestellung vermasselt haben, und nicht, solange Sie nur sagen, es tut Ihnen leid.

„Pech gehabt, Kunde"? Finde ich nicht!

Es gibt den alten Spruch: „Pech gehabt, Kunde!" Wir lassen es zu, dass Firmen uns schlecht behandeln, uns anlügen und betrügen. Wir nehmen es einfach so hin. Schultern zuckend und Augen rollend denken wir: „Pech gehabt, Kunde!" Das muss aufhören. Wenn jemand Ihnen schlechten Service bietet, sagen Sie es ihm. Sagen Sie jedem, dass er mit dieser Person oder dieser Firma lieber keine Geschäfte machen sollte. Anstatt „Pech gehabt, Kunde!" sollte es besser heißen: „Pech gehabt, Verkäufer!"

Wer mich schlecht behandelt, muss damit rechnen, dass sein übles Verhalten Konsequenzen hat – und dazu gehört, dass ich jedem erzähle, was ich von diesem Service halte.

Wird es dadurch besser?

Wahrscheinlich nicht; zumindest nicht gleich. Ganz sicher nicht, wenn ich der Einzige bin, der es so macht. Aber vielleicht bewirkt meine Beschwerde doch, dass die Person oder die Firma darüber nachdenkt und dass wenigstens der Nächste einen besseren Service bekommt. Mein Verhalten hilft mir selbst wenig, es macht meine schlechte Erfahrung nicht besser, aber vielleicht die des nächsten Kunden. Und wenn viele Leute sich beschweren, bewirkt das am Ende bestimmt etwas. Ich hoffe es jedenfalls.

Eines ist auf alle Fälle sicher: Der Service wird *ganz bestimmt nicht* besser, wenn wir lächelnd die Zähne zusammenbeißen und alles hinnehmen.

Aber bitte denken Sie daran: Sie sollten bei allem Grund zur Beschwerde immer korrekt und höflich bleiben. Es gibt keinen Grund, zu schimpfen und unsachlich zu werden. Erst recht gibt es keinen Grund, jemanden persönlich anzugreifen und nieder zu machen. Wenn Sie schimpfen oder herumschreien, verlieren Sie Ihre Glaubwürdigkeit, und auf die kommt es ja maßgeblich an, wenn Sie sich erfolgreich beschweren wollen.

Sie schulden es dem Verkäufer und der Firma, für die er tätig ist, höflich, aber bestimmt darauf hinzuweisen, dass und inwiefern der

Service zu wünschen übrig lässt. Die Tatsache, dass Sie für den Service bezahlen, gibt Ihnen das Recht, sich über den schlechten Service zu beklagen. So musste ich eines Tages meine Postbotin dafür rügen, dass sie jeden Tag meinen Postausgang liegen ließ, anstatt ihn mitzunehmen. Sie sagte, sie werde nur dafür bezahlt, die Post zu bringen, aber nicht, sie abzuholen. Ich sagte, dass die teuren Umschläge mit dem Aufdruck „Express-Post", die pro Stück fast vier Dollar kosten, nicht umsonst die Aufschrift „Postdienst" (!) tragen, und dass ich dafür auch Dienst erwarten könne. Ich machte ihr klar, dass ich als ihr Kunde erwarte, dass sie meine Post in beiden Richtungen austrage – die eingehende und die ausgehende Post. Als sie weiterhin meckerte, ging ich eine Stufe höher und rief ihren Boss an.

Zögern Sie nicht, sich bei der nächsthöheren Stelle zu beschweren. Es ist reine Zeitverschwendung, sich bei einer Person zu beschweren, die schlechten Service bietet und dies dann noch nicht einmal einsehen will. Es bringt nichts, sich mit einem gering bezahlten, kleinen Angestellten über die Geschäftspolitik der Firma zu unterhalten. Fragen Sie nach dem Manager. Setzen Sie sich mit der Firmenleitung in Verbindung. Gehen Sie so weit hinauf, bis Sie das Gefühl haben, man versteht Sie und stellt die Missstände auch tatsächlich ab.

Denken Sie daran: *Jeder* hat einen Chef. Wirklich jeder. Wenn Sie mit der Antwort, die Sie bekommen, nicht zufrieden sind, lassen Sie nicht locker. Hören Sie erst dann auf, wenn Sie zufrieden sind. Gehen Sie so weit auf der Hierarchieleiter nach oben, bis man Sie ernst nimmt.

Sie sollten Ihre Beschwere auch belegen können. Halten Sie Informationen wie Uhrzeit, Datum, Ort, Namen, Rechnungsnummer und Quittungen bereit – jedes kleinste Beweisstück, das Sie in Händen halten. Das gibt Ihrer Beschwerde den nötigen Nachdruck.

Vielleicht ändert sich erst mal nicht viel, aber Sie werden sich auf jeden Fall besser fühlen, wenn Sie es so machen. Und wenn sich genügend Kunden finden, die sich über den schlechten Service einer bestimmten Firma beklagen, wird er vielleicht tatsächlich etwas besser, obwohl – sicher kann man da nicht sein …

Vorsicht!

Wenn Sie sich des Öfteren beschweren, werden Sie schnell als Ekel bekannt. Glauben Sie mir, ich weiß, wovon ich spreche. Mir geht es so. Aber fair ist das nicht. Alles, was ich tue, ist, die Leute zu bitten, zu ihrem Wort zu stehen und das zu tun, was sie selbst versprochen haben, zum Beispiel pünktlich zu erscheinen. Sie tun es nicht, und wenn ich sie darauf hinweise, bin ich der Böse. Das ist nicht in Ordnung. Aber ich kann mit meinem üblen Ruf leben. Er macht mir sogar etwas Spaß. Und außerdem – ist es wirklich so schlimm, als jemand bekannt zu sein, der gegen Missbrauch die Stimme erhebt?

„Missbrauch? Ist das nicht ein bisschen dick aufgetragen?"

Ich sehe es als Missbrauch an. Wenn ich dabei zusehen soll, wie ein Unternehmen, ein Restaurant, ein Hotel, eine Fluglinie oder ein Angestellter mich übertölpeln, mich übervorteilen und mir das Geld aus der Tasche ziehen, ist das etwa kein Missbrauch? Ich dulde so etwas nicht. Wenn ich jemanden für etwas bezahle, darf derjenige mich nicht täuschen, übervorteilen, übel behandeln, von oben herab ansprechen, zu spät kommen oder unhöflich sein. Wenn mich das zum Ekel macht, dass ich darauf hinweise, dann bin ich stolz darauf, ein Ekel genannt zu werden.

An die Firma (auch „die Beklagte" genannt)

Hier ist ein Wort an diejenigen, die den wenigen Mutigen zuhören müssen, die sich trauen, sich zu beschweren: Sagen Sie „Danke." Das ist höflich und richtig so. Seien Sie dankbar dafür, dass jemand sich die Zeit genommen hat, Sie und Ihre Firma auf ein Problem aufmerksam zu machen. Geben Sie zu, dass Sie im Unrecht sind. Ja, schlucken Sie Ihren Ärger hinunter und geben Sie zu, dass Sie Mist gebaut haben. Stehen Sie für Fehler gerade, und reichen Sie den Kelch nicht weiter an Kollegen oder eine andere Abteilung. Mir als Kunden ist es ziemlich egal, wer den Fehler gemacht hat. Ich möchte nur, dass sich jemand dafür entschuldigt, die Verantwortung übernimmt und mein Problem löst. Also sagen Sie bitte, dass es Ihnen leid tut und tun Sie Ihr Bestes, um mich zufrieden zu stellen. Wenn Sie das tun, ist es gut möglich, dass ich aufhöre, der Schreck Ihrer schlaflosen Nächte zu sein und stattdessen Ihr bester Freund werde.

Haben Sie ein Problem damit? Wenn ja, erlauben Sie, dass ich Sie an etwas erinnere. Sie arbeiten für mich. Tut mir ja leid, aber es ist nun mal so. Ich habe das Geld. Ich bin Ihre *Einkommensquelle*. Sie sind ein *Kostenfaktor*. Die meisten Arbeitnehmer wissen nicht einmal, was das überhaupt ist. Weil ich aber Ihre Einkommensquelle bin, ist es mein Geld, das Sie in Lohn und Brot hält, und deswegen bin ich sozusagen Ihr Chef.

Mit meinem Geld wird Ihr Betrieb am Laufen gehalten und Ihr Gehalt bezahlt. Seien Sie daher bitte freundlich zu mir. Sagen Sie mir die Wahrheit. Kommen Sie pünktlich, wenn Sie es zugesagt haben. Lächeln Sie mich an, bedanken Sie sich und seien Sie höflich. Hofieren Sie mich ein bisschen, wie Sie es machen würden, wenn der oberste Firmenboss mit Ihnen spricht. Denken Sie daran: Sie *brauchen* mich. Ob Sie es mögen oder nicht, ob Sie *mich* mögen oder nicht – Ihre Firma *braucht* mich und mein Geld. Dringend.

Kein Kunde kann eine Firma gebrauchen, die stets schlechten Service bietet. Keine Kundin lässt ihr Geld bei einer Firma liegen, deren Personal unfreundlich zu ihr war.

Ihre Firma kann ohne Weiteres ohne Sie überleben und wahrscheinlich auch erfolgreich arbeiten. Schließlich sind Sie nur ein Kostenfaktor. Ich sage ausdrücklich, *nur* ein Kostenfaktor. Was Sie der Firma geben, kann ihr auch ein anderer geben. So speziell sind Ihre Dienstleistungen nicht. Sie sind nicht unentbehrlich, also nehmen Sie sich bitte nicht so wichtig. Aber ohne mich oder Leute wie mich kann Ihre Firma nicht überleben. Keine Firma braucht einen Angestellten, der die Kundschaft verprellt und schlechten Service bietet. Aber jede Firma braucht Kunden, die dazu bereit sind, Ihren traurigen Service hinzunehmen und trotzdem noch Geld dafür auszugeben.

Bitte halten Sie Ihr Ego zurück. Nicht einmal das beste, einzigartigste Produkt der Welt kann, selbst wenn es zum Schleuderpreis angeboten wird, ohne vernünftigen Service verkauft werden. Die Kunden bezahlen gerne mehr Geld für weniger, wenn sie darauf vertrauen können, dass sie gut bedient werden.

Ein Indikator für wirtschaftlichen Erfolg

Wie gut eine Firma wirtschaftlich dasteht, sieht man in der Regel an der Qualität ihres Kundendienstes. Denn diejenigen Unternehmen, die auch bei schlechter Konjunktur florieren, sind die, die den besten Service bieten. Und diejenigen, denen es dann schlecht geht, sind die mit schlechtem Service. Das bedeutet: Bieten Sie einen guten Service, dann geht es Ihrer Firma besser. Bedienen Sie mich als Kunden gut, machen Sie sich dadurch für Ihre Firma unentbehrlich. Die Sicherheit Ihres Arbeitsplatzes hängt von gutem Kundendienst ab. Richten Sie sich danach, und Ihre Chancen als Arbeitskraft können nur steigen. Wenn Sie es nicht tun, sorge ich persönlich dafür, dass Sie woanders arbeiten als da, wo ich einkaufe.

„Es gibt nur einen Boss, den Kunden. Er kann jeden in der Firma entlassen, vom Vorsitzenden bis hinunter zum

kleinen Angestellten, indem er sein Geld einfach woanders ausgibt."

Sam Walton, Gründer von Wal-Mart

Der Schlüssel für guten Service: Abgemacht ist abgemacht

Sie haben eine Vereinbarung getroffen, als Sie ins Geschäftsleben eingestiegen sind. Sie haben sich bereit erklärt, ein Produkt oder eine Dienstleistung zu liefern. Der Deal wurde perfekt, als ich zustimmte, dafür zu bezahlen. Seit dem Augenblick arbeiten Sie für mich. Das bedeutet, dass Sie mich gut behandeln und Ihr Wort halten und alles in Ihrer Macht Stehende tun sollten, um mich zufrieden zu stellen. Denn ist es mein Geld, und wenn ich es Ihnen gebe, macht mich das zu Ihrem Boss. *So* lautet die Vereinbarung. Das passt Ihnen nicht? Dann hören Sie auf, Geschäfte zu machen. Machen Sie Ihren Laden dicht. Oder lassen Sie´s – früher oder später verschwinden Sie sowieso vom Markt.

Cheeseburger, Cheeseburger – aber keine Pepsi!

Ich liebe Cheeseburger. Ich weiß einiges über sie. Ich weiß, wie sie aussehen, riechen und schmecken. Ich weiß, dass die besten oben auf dem Brötchen Öl und innen mit Hackfleisch gebratene Zwiebeln haben sollten. Ich weiß, dass die Dinger nicht besonders gesund sind, aber es ist mir wurscht. An irgendetwas muss man ja wohl sterben, und wenn es schon sein muss, dann lieber mit einem fetten Cheeseburger in der Hand.

Als Fan halte ich immer nach guten Cheeseburgern Ausschau. Wenn Sie so viel reisen wie ich, haben Sie die Chance, einige sehr gute Produkte kennen zu lernen. Darunter sind auch einige ganz gute von Fast-food-Ketten. Einer meiner Lieblings-Cheeseburger kommt von der Kette Sonic Drive-In. Vielleicht haben viele von Ihnen das Teil noch nicht probieren können, denn diese Kette ist noch nicht in allen Staaten Amerikas vertreten, nur in jedem zweiten. Vielleicht kennen Sie diesen wundervollen Cheeseburger ja schon. Sonic ist in Oklahoma City in Oklahoma zu Hause und existiert, seit ich in der High School war. Die Firma kommt aus dem ländlichen Teil von Oklahoma, wo ich aufgewachsen bin, und macht meiner Meinung nach immer noch die besten, ursprünglichsten, saftigsten, leckersten Cheeseburger.

Eines Tages hatte ich mal wieder Lust auf einen Sonic-Cheeseburger. Ich fuhr beim Sonic Drive-In vor, kurbelte das Wagenfenster herunter und drückte auf den Knopf, um meine Bestellung aufzugeben. An jenem Tag gab es ein Sonderangebot, eine schwarze Plastikflasche zum Drücken mit leuchtend rosa Schrift und einem leuchtend rosa Strohhalm, der aus der Flasche ragte. Sie kostete nur 35 Cents mehr als ein anderes großes Getränk, und man konnte sie mit nach Hause nehmen. Ich musste diese Flasche einfach haben. Ich bin jemand, der sich von bestimmten Produkten gerne zum Kauf verleiten lässt, und das Ding schrie geradezu nach mir! Ich wollte meinen Cheeseburger und die schwarze Flasche mit dem rosa Strohhalm gerade bestellen, da sah ich etwas, was mich irritierte. Das Problem war, die schwarze Flasche war ein Werbeartikel für Pepsi-Cola. Ich mag Pepsi nicht. Sorry, Ihr Leute von Pepsi, manche von Euren Sachen mag ich ja, aber nicht Eure Cola, da bin ich ein reiner Coca-Cola-Fan. Der leuchtend-rosa Schriftzug „Pepsi" auf einem Schild ließ keinen Zweifel daran, was wohl in der schönen Flasche war.

Nun musste ich mich blitzschnell entscheiden: Sollte ich, bloß um die schwarze Flasche zu kriegen, in den sauren Apfel beißen und eine Pepsi trinken? Ich entschied mich dafür. Ich drückte auf den Knopf und bestellte einen Cheeseburger und die schwarze Plastikflasche mit der leuchtend rosa Aufschrift. Der Typ am anderen Ende fragte: „Sir, was wollen Sie trinken?" Eine interessante Frage. Das Schild besagte eindeutig, dass es eine Werbeaktion für Pepsi war und nur Pepsi in der Flasche war. Es stand sogar Pepsi drauf – auf der Seite, leuchtend rosa. Ich fragte: „Das heißt, ich kann das Getränk frei wählen?" Er antwortete: „Mein Herr, wir sind hier in Amerika. Sie dürfen *immer* frei wählen." Ich meinte: „Dann geben Sie mir ein Dr Pepper."

In diesen zehn Sekunden, die unser Gespräch dauerte, habe ich mehr über guten Service gelernt, als wenn ich alle schlauen Bücher gelesen, alle Vorträge gehört und alle Schulungen zum Thema besucht hätte. Ich kapierte: „Sie dürfen *immer* frei wählen."

Meine freie Wahl besteht darin, mein Geld da auszugeben, wo man es zu schätzen weiß. Das sollten auch Sie tun.

Leider habe ich nicht sehr viele solche Stories über guten Kundendienst für Sie. Das liegt daran, dass der Kundendienst oft sehr zu wünschen übrig lässt. Ich bin ja schon froh und mache ein Fass auf, wenn ich in ein Restaurant gehe und überhaupt etwas zu essen bekomme.

Wir wissen alle, dass es mit dem Kundendienst nicht zum Besten steht. Aber es geht nicht allein um Schlampigkeit, sondern auch um dies: Vieles von dem, was da gemacht wird, ergibt keinen Sinn. Man könnte manchmal meinen, die Entscheidungsträger der Unternehmen wären auf Crack, so absurd sind ihre Geschäftspraktiken.

Es muss doch einen Sinn ergeben!

Dallas, Texas, 10 Uhr vormittags. Ich stehe an der Rezeption eines größeren Hotels und checke ein. Ich sage Ihnen nicht, um welches Hotel es sich handelt, aber es hat zwei Bäume im Logo. Und falls Sie es nicht wissen oder vergessen haben sollten, darf ich Ihnen sagen, dass diese Hotelkette berühmt dafür ist, dass jeder Gast beim Ein-checken einen warmen Schokoladenkeks überreicht bekommt.

Ich stehe also am Tresen, neben mir steht ein anderer Gast, der gerade von einer anderen Dame bedient wird. Als ‚meine' Hotelda-me mir den warmen Keks reicht, freue ich mich über den tollen Schoko-Geruch und kann es kaum erwarten, in mein Hotelzimmer zu kommen und in den warmen Keks zu beißen. Da sehe ich, dass der andere Gast seinen Keks höflich ablehnt, mit der Begründung, er möge keine Schokolade. (Welcher Mensch auf Erden mag keine Schokolade? Aber gut …) Sofort schalte ich mich ein und biete mich an, seinen Keks zu essen. Die Angestellte sagt, sie dürfe mir den Keks nicht geben, denn jeder Gast bekomme bloß einen Keks. Ich sage: „Schon klar, aber der Herr möchte seinen ja nicht." Der ande-re Gast sagt: „Richtig, ich möchte ihn nicht, Sie können ihn gerne dem Herrn geben." Da erklärt mir die Dame, sie dürfe mir den Keks nicht geben, da er für einen anderen Gast bestimmt gewesen sei und ich meinen ja bereits hätte. Ich frage, ob jeder Keks tatsächlich nur einer bestimmten Zimmernummer vorbehalten sei. Sie findet das gar nicht witzig. Solche Dinge passieren mir unterwegs oft. Der andere Gast meint: „Okay, dann geben Sie mir bitte meinen Keks doch; dann gebe ich ihn eben weiter." Die Hotelangestellte erwi-dert, dafür sei es jetzt leider zu spät, da er seinen Keks bereits ab-gelehnt habe.

Sind Sie nicht auch frustriert, wenn Sie so was lesen? (Möchten Sie nicht auch vor lauter Frust am liebsten in einen warmen Schokola-denkeks beißen?) Ich schon. Dieses ganze dämliche Schauspiel ergibt meiner Ansicht nach keinen Sinn. Aber auch Sie haben bestimmt schon ähnliche Erfahrungen gemacht, nicht wahr? Bestimmt sind auch Sie schon kopfschüttelnd vor irgendeiner/m Angestellten ge-standen und haben sich gedacht: „Was für ein Blödsinn!" Der Un-terschied zwischen Ihnen und mir ist, dass ich unter anderem über solche Erlebnisse Reden halte und Bücher schreibe. Und dass ich mich bei denjenigen Personen und Firmen beschwere, die mir einen schlechten Service verpassen. Ich mache keinen Hehl aus meiner Unzufriedenheit, in der Hoffnung, dem nächsten Kunden solche Erfahrungen zu ersparen.

Wissen Sie, was das Traurigste an der Geschichte mit dem Keks ist? Dass ich seit zehn Jahren diesen Schokoladenkeks nicht mehr bekommen habe. Ich könnte mich heute noch darüber ärgern. Okay, ich gebe zu, dass ich meinen Frust inzwischen allmählich überwunden haben müsste. Habe ich auch. Zumindest beinahe. Aber noch heute erinnere ich mich an jedes Detail. Und ich denke natürlich jedes Mal daran, wenn ich mal wieder in einem Doubletree-Hotel einchecke. Und nicht nur das: Dadurch, dass ich die Geschichte hier erzählt habe, kennen Hunderttausende von Leuten sie und werden sich unwillkürlich daran erinnern, wenn sie in einem Doubletree-Hotel einchecken. Ist das wirklich gut für das Image der Hotelkette, wo sie ein Einlenken nur einen Keks gekostet hätte? Ich glaube nicht.

Meine Anekdote beweist, dass man nicht kontrollieren kann, was jede einzelne Angestellte in jedem Moment sagt und tut. Das ist okay. Man weiß nie, wie die Leute in bestimmten Situationen reagieren. Aber hier haben wir eine Rezeptionistin, die durch ihr Verhalten darüber entscheidet, wie ein Kunde über die Doubletree-Hotels denkt, und leider trifft sie ihre Entscheidung lieber nach irgendwelchen Vorschriften und der Firmenpolitik als nach dem, was in der speziellen Situation angemessen wäre. Angestellte sollten nach Möglichkeit immer das Firmenimage im Auge behalten.

Leider bringen die meisten Firmen ihren Mitarbeitern nicht bei, wie wichtig es ist, das große Ganze im Auge zu behalten, und dass ihr momentanes Verhalten auch längerfristige Konsequenzen haben kann. Die Hotelangestellte hatte keine Ahnung, dass sie einen Kunden vor sich hatte, der jedes Jahr vor mehreren Hunderttausend Menschen steht und für weitere Hunderttausende Bücher schreibt. Sie hätte sich nicht träumen lassen, dass ich diese Geschichte zehn Jahre, nachdem sie passiert ist, in diesem Buch schildere. Wenn sie das gleich gewusst hätte, hätte sie wahrscheinlich anders reagiert. Sie sah eben nicht das große Ganze. Und sie war nicht dafür ausgebildet, zu tun, was „sinnvoll ist", sondern lediglich das von der Firmenleitung erdachte Empfangsritual umzusetzen.

Heutzutage machen zu viele Firmen Dinge, die einfach keinen Sinn ergeben. Dinge, die die Kunden irritieren und die Angestellten zu Sündenböcken der Firmenleitung machen. Dinge, die einfach nur bescheuert sind.

Ich liebe solche Geschichten, deswegen hier ein paar mehr davon.

Die Gewerkschaft gewinnt, der Kunde hat das Nachsehen

Wenn ich auf Kongresse gehe und meinen Vortrag halte, signiere ich immer meine Bücher und biete meine DVDs, CDs, T-Shirts und andere Artikel an. Kürzlich trat ich in Las Vegas auf. Als ich die Bücher und die übrigen Artikel in den Vortragssaal bringen lassen wollte, sagte man mir, der Page dürfe den Saal nicht betreten, weil die Dekoration des Saales in die Zuständigkeit der Dekorateursgewerkschaft falle und Hotelpagen nichts an die Tische bringen dürften. Ich konnte es gar nicht glauben. Ich fragte, was ich nun tun solle, und der Page antwortete, er könne mir die Sachen bis zur Saaltür bringen und ich müsse sie dann selbst in den Saal tragen. Etwas anderes sei leider nicht möglich. Ich fragte, ob es etwa Anweisung der Geschäftsleitung sei, dass die Hotelgäste ihre Sachen selbst transportieren müssen. Er sagte, die Geschäftsleitung habe damit nichts zu tun und habe darauf keinen Einfluss, es sei die Gewerkschaft, von der die Anweisung ausgehe. Also trugen mein Manager und ich die Sachen in den Saal. So etwas Verrücktes: Das Hotel, dessen Kunde ich bin, darf mich nicht bedienen, weil irgendeine Gewerkschaftsvorschrift das nicht erlaubt. Das Hotel leidet darunter, der Hotelboy ebenfalls, denn er hätte sonst für seine Hilfe ein wesentlich höheres Trinkgeld von mir bekommen als so, und ich als Kunde sowieso. Aber die Gewerkschaft meint wohl, sie habe gewonnen. Wo ist da, bitteschön, die Logik?

Ein Terrorist wider Willen

Ich flog von Phoenix nach Tampa und musste unterwegs in Dallas in ein anderes Flugzeug umsteigen. Während des ersten Fluges bekam ich ein Frühstück serviert. Ich behielt das kleine Plastikmesser, mit dem ich mein Brötchen geschmiert hatte, um nach der Landung in Tampa die Bücherkisten damit zu öffnen, die ich für meinen Vortrag dorthin bringen ließ. Also steckte ich das Plastikmesser in die Innentasche meiner Jacke, damit es nicht verloren ging. Im Flughafen von Dallas fischte das Sicherheitspersonal mich aus der Menge heraus, um mich eingehend zu untersuchen. Anscheinend hatte ich etwas an mir, das den Herren Lust machte, mich gründlich durchzuchecken. Ich bin bald so weit, mich in „Mr. Zufall" umbenennen zu lassen, denn immer wenn sie eine Zufallsstichprobe machen wollen, kommen sie auf mich. Bei der Durchsuchung entdeckten sie natürlich das Plastikmesser, das ich in meiner Jackeninnentasche aufgehoben hatte. Sie ließen den Sicherheitschef und die Flughafenpolizei rufen, weil ich versucht hätte, ein Messer an Bord eines Flugzeugs zu schmuggeln – das Messer, das die Airline mir zuvor selbst gegeben hatte. Ich wies sie darauf hin, wie absurd die ganze Situation sei, zumal ich jetzt gleich, beim nächsten Flug, wieder etwas zu essen und ein neues Plastikmesser bekommen würde. Sie verwarnten mich und zogen das Plastikmesser ein. Solche Vorkommnisse machen mich wütend. Warum? Weil sie so sinnlos sind.

Handtücher superbillig

Wenn ich in einem Hotel einchecke, habe ich eine bestimmte Vorgehensweise. Ich mache das jedes Mal auf dieselbe Art; deswegen kann man es auch Routine nennen. Wenn ich ein Hotelzimmer betrete, greife ich als Erstes zur Fernbedienung. Typische Jungen-Gewohnheit. Ich bin davon überzeugt, dass Frauen den Männern in fast allen Dingen überlegen sind, außer in der Beweglichkeit des Daumens beim Zappen auf der Fernbedienung.

Zweitens schalte ich das Licht ein. Ich habe entdeckt, dass Hotelgäste gerne Glühbirnen stehlen. Tatsächlich, es stimmt, obwohl man's kaum glauben möchte. Da die Zimmer meist tagsüber bei vollem Tageslicht gereinigt werden, denken die Reinigungsfrauen nicht immer daran, die Beleuchtung zu überprüfen. Daher ist es ganz sinnvoll, beim ersten Eintreten in ein Hotelzimmer die Lampen einzuschalten, sonst steht man, wenn man nachts erneut ins Zimmer kommt, im Dunkeln da.

Außerdem mag ich gute Handtücher; daher gehe ich als Drittes erst mal ins Bad und sehe mir die Handtücher an.

Eines Tages kam ich in ein Hotel, ging in mein Zimmer und griff nach der Fernbedienung. Sie hatte achtundfünfzig Knöpfe; ich ahnte, dass es mir hier gut gefallen würde. Ich schaltete das Licht an; alle Lampen brannten. Gleich anschließend ging ich ins Bad. Dort hing ein Schild mit der Aufschrift: BITTE STEHLEN SIE NICHT UNSERE HANDTÜCHER. FÜR JEDES ENTWENDETE HANDTUCH VERLANGEN WIR EINE GEBÜHR VON FÜNF DOLLAR.

Das Schild ärgerte mich. Da wird einem gleich unterstellt, man würde Handtücher klauen, auch wenn man es gar nicht vorhatte.

Zumindest bis jetzt. Ich griff nach der Ablage und zog eines der Handtücher herunter. Ein richtiges Badetuch! Größer als ich, richtig schön breit und dick, flauschig und weich. Und das, dachte ich, kostet nur fünf Dollar? Weil ich auch hin und wieder mal selbst einkaufen gehe, wusste ich, dass ein Handtuch von dieser Größe und Qualität mindestens 20 Dollar kostet. Ich riss einen Zettel vom Notizblock neben dem Telefon und schrieb darauf: „Ich habe vier von Ihren Handtüchern mitgenommen. Stellen Sie mir 20 Dollar in Rechnung. Danke!"

Gute Story, was? Ich erzähle sie immer in meinem Vortrag. Die Leute finden sie sehr witzig, denn sie zeigt, wie absurd Schilder sein können und wie weltfremd manche Vorschriften doch sind. Früher nannte ich immer den Namen des Hotels, wo das passierte. Es ist das Harvey Hotel in Dallas, Texas. Aber eines Tages saß ein Typ in meinem Vortrag, hörte die Geschichte und rief gleich seine Schwester an, die Managerin im Harvey Hotel in Dallas ist. Sie rief mich in meinem Büro an und meinte, sie habe gehört, ich hätte eine schlechte Erfahrung in ihrem Hotel gemacht und darüber in meinem Vortrag gesprochen und sie wolle alles in ihrer Macht Stehende tun, um mich wieder zu einem zufriedenen Kunden zu machen. Lachend erzählte ich ihr, ich hätte keine schlechte Erfahrung in ihrem Hotel gemacht, sondern während meines Aufenthaltes dort sehr günstig ein paar Handtücher gekauft. Dann erzählte ich ihr die ganze Story, so, wie ich es immer auf der Bühne mache. Sie lachte und sagte, sie könne das Problem mit dem Schild gut verstehen und wolle natürlich nicht, dass alle ihre Gäste Handtücher für fünf Dollar das Stück „kaufen", daher würde sie dafür sorgen, dass die Schilder ausgetauscht werden. Ich sagte ihr, das sei okay, aber ich wolle nicht auf die gute Geschichte in meinem Vortrag verzichten. Aber ich sei gern dazu bereit, nicht mehr länger für das preisgünstige Sonderangebot zu werben und den Namen des Hotels künftig nicht mehr zu nennen.

Ein paar Tage später schickte sie mir als kleines Dankeschön eine Box mit vier brandneuen Harvey Hotel-Handtüchern.

Warum ist diese Episode mit den Handtüchern so anders als die übrigen Anekdoten, die ich hier erzähle? Erstens hat sich hier jemand die Zeit genommen, herauszufinden, ob ein Problem vorlag oder ob nicht. Zweitens hörte sie mir aufmerksam zu und war willens, das Große Ganze zu sehen und danach auch zu handeln. Drittens hatte die Dame wirklich einen Sinn für Humor. Und viertens scheute sie nicht den Aufwand, mir als Dankeschön und witzigen Gag die Handtücher zu schicken; sie erinnern mich daran, dass das Harvey Hotel in Dallas genug Interesse aufgebracht hat, die Dinge zurechtzurücken und nicht zu ruhen, bis sein Kunde rundum zufrieden war.

Meine liebste Kundendienst-Story

Eines Tages, ich schlenderte gerade durch ein Einkaufszentrum, fiel mir plötzlich ein, dass ich noch Batterien brauchte. Ich sah ein Geschäft, von dem ich wusste, dass es Batterien führte und marschierte darauf zu. Ich nenne Ihnen jetzt nicht den Namen des Ladens, aber ich verrate zumindest so viel: Ihr erstes Produkt war ein Radiogerät, und sie fingen in einem kleinen Schuppen an. (Jetzt sind wir quitt miteinander.)

Ich griff mir die Batterien aus dem Regal und legte sie zusammen mit dem Geld auf den Ladentisch. Der Typ an der Kasse sah mich groß an und fragte: „Kann ich bitte Ihren Namen, Ihre Adresse und Telefonnummer haben?" Haben Sie so was schon mal erlebt? Ich nehme an, ja. Ich sagte: „Nein, können Sie nicht."

Wenn Sie etwas Würze in Ihren langweiligen Alltag bringen wollen, dann sagen Sie einfach öfter mal „Nein". Das bringt den bestorganisierten Laden durcheinander.

Wenn Sie mal etwas Spaß haben wollen, gebe ich Ihnen einen heißen Tipp: Fahren Sie in einen McDrive von McDonald's. Wenn Sie zum ersten Fenster kommen, strecken Sie die Hand aus, geben ihnen Ihr Geld und nehmen Ihr Wechselgeld in Empfang. Wenn der Angestellte sagt: „Bitte fahren Sie zum nächsten Fenster weiter; dort bekommen Sie Ihr Essen.", dann sagen Sie laut und deutlich: „Nein. Ich warte lieber hier". Damit bringen Sie ungefähr 200 Happy Meals durcheinander. Jede Wette, Sie werden Ihren Spaß haben!

Aber weiter mit den Batterien. Der Typ an der Kasse sagte: „Sir, wir müssen Ihren Namen, Ihre Adresse und Telefonnummer aufschreiben. Sonst dürfen wir Ihnen leider keine Batterien verkaufen." Als ich ihn nach dem Grund fragte, sagte er genau das, was kein Kunde gerne hört: „Nun, weil das eben bei uns Vorschrift ist." Ich sagte, auch ich als Kunde hätte meine Vorschriften, und die besagten, dass ich ihm wegen ein paar Batterien zu $ 1.79, die ich bar bezahlen will, nicht sagen müsse, wer ich bin.

Da nahm er die Batterien vom Ladentisch und sagte, er könne mir keine Batterien verkaufen. Ich fragte nach dem Geschäftsführer. Er sagte, der Geschäftsführer sei hinten im Lager, aber er wolle ihn holen gehen. Er ging nach hinten und kam gleich darauf mit dem Geschäftsführer wieder. Man sah gleich, dass das nur der Geschäftsführer sein konnte – ein Milchgesicht, höchstens 19 Jahre alt. Sie kennen die Sorte, nicht wahr?

Der Geschäftsführer zeigte mit dem Finger auf mich, blieb kurz vor meiner Nase stehen und fragte: „Sir, haben Sie ein Problem?"

Ich erwiderte, ich hätte kein Problem. Er habe die Batterien und ich das Geld dafür, und so etwas sei in Amerika ein ganz normales Geschäft. Er sagte: „Sie müssen uns Ihren Namen, Ihre Adresse und Telefonnummer geben, sonst darf ich Ihnen die Batterien leider nicht verkaufen." Ich erklärte, dass ich das auf keinen Fall tun wolle. Ich wisse, dass seine Firma bestimmte Vorschriften habe, aber ich hätte auch meine Kundenvorschriften. Außerdem, sagte ich, wolle ich wirklich wissen, warum es notwendig sei, dass ich diese persönlichen Angaben mache, wo ich doch bar bezahlen wolle. Da nannte er mir den zweiten Grund, den Kunden niemals hören wollen, nämlich: „Weil wir das immer so machen."

Ich erwiderte, da hätte ich gute Neuigkeiten für ihn – nämlich, dass er es ab heute eben anders machen müsse.

Seine Reaktion? Er knallte die Batterien auf den Tisch, sagte: „Dann verkaufen wir Ihnen eben nichts!" und schickte sich an, zu gehen. Ich sagte: „Hören Sie mir gut zu. Sie sind hier der Geschäftsführer und ich bin der Kunde. Sie sollten doch wohl fähig sein, sich zu überlegen, wie ich die Ware, die ich kaufen und auch bezahlen möchte, kaufen kann. Also gehen Sie nicht einfach, sondern nehmen Sie sich gefälligst einen Augenblick Zeit und denken Sie eine Minute lang nach, wie Sie das Problem, das Sie aufgeworfen haben, lösen können."

Er hielt inne, dachte kurz nach, drehte sich um und ging an den Computer, wo er etwas eingab. Dann nahm er mein Geld, legte es in die Kasse und gab mir das Wechselgeld. Er legte die Batterien zusammen mit der Quittung in eine kleine Tüte, schob sie mir herüber und sagte: „Bitte schön, jetzt habe ich einen Weg gefunden."

Auf meine Nachfrage hin erzählte er mir, er habe einfach seine eigenen Daten auf der Quittung angegeben. Nicht sehr schlau, was? Er hatte nach all dem Hin und Her einen unzufriedenen Kunden mehr, und ich hatte seinen Namen und seine Adresse und Telefonnummer auf der Quittung.

Traurig? Ich finde es eher armselig.

Warum? Weil er genau das machte, was man ihm beigebracht hatte. Er dachte nicht an das Große Ganze, seine Firma auch nicht. Ihre „Politik" war lächerlich, diente den Kunden nicht und hatte obendrein keinerlei Sinn.

Das ist meine berühmteste Geschichte, die ich im Laufe der Jahre mehreren Millionen Menschen erzählt habe. Wenn Sie dazu meine unzähligen Cassetten, CDs, Videos und DVDs rechnen, auf denen diese Story drauf ist, sind es noch ein paar Millionen Leute mehr. Die Leute mögen die Story so sehr, weil sie mit dem Laden dieselben Erfahrungen gemacht haben wie ich damals.

Nachdem ich die Geschichte schon ungefähr zwölf Jahre lang erzählt hatte, rief jemand von der Geschäftsleitung der Firma bei mir an. Er meinte: „Sie wundern sich wahrscheinlich, warum ich Sie heute anrufe." Ich erwiderte: „Ich glaube, ich kann es mir denken."

Er erzählte mir, sie hätten seit der Gründung des Geschäfts die Politik verfolgt, sich von jedem ihrer Kunden Namen, Adresse und Telefonnummer geben zu lassen. Aber diese Geschäftspolitik sei der häufigste Anlass für die Kunden, sich zu beschweren. Ich sagte ihm: „Das überrascht mich nicht!" Er sagte, er wolle seinen Geschäftsführern mein Video vorspielen, damit sie meinen Vortrag hören. Ich fragte ihn, ob ich dafür Geld bekomme. Eine faire Frage, wie ich finde. Er sagte, nein, Geld bekäme ich leider nicht. Ich meinte, er könne das Band so oft abspielen, wie er wolle, Hauptsache, sie ändern ihre Firmenpolitik in dieser Frage. Da gab er zu, sie müssten sie ändern; ich hätte es einfach schon zu vielen Kunden erzählt.

Das Ergebnis war, dass sie vor ein paar Jahren mit dem obligatorischen Sammeln von Kundendaten aufgehört haben, denn es passte dem König Kunden nicht mehr.

Kann ein einziger Mensch wirklich etwas bewirken? Natürlich kann er. Ein Mensch, der mit etwas Sinnlosem konfrontiert wird, der entscheidet, das nicht einfach hinzunehmen und das laut ausspricht, kann schon eine Menge für die Einkaufskultur des ganzen Landes bewirken.

Überprüfen Sie Ihre Geschäftspolitik und Ihre Geschäftspraktiken, ob sie auch wirklich dem gesunden Menschenverstand entsprechen.

Fragen Sie Ihre Kunden, wie sie sich bei Ihrer Art, Geschäfte zu machen, fühlen. Hören Sie auf Ihre Angestellten, wenn sie sich über bestimmte Methoden und Praktiken beklagen und prüfen Sie, ob es nicht schneller, unkomplizierter oder billiger geht. Fragen Sie Ihre Mitarbeiter, was Ihre Kunden mehr als alles andere stört und ändern Sie es, denn das dient Ihren Kunden.

Benutzen Sie keine Worte wie „Firmenpolitik" und „Industriestandard". Sagen Sie nicht: „Wir machen das schon immer so." Seien Sie vorsichtig, wenn Sie einem Kunden erzählen, „das darf ich nicht" und es in Wirklichkeit eigentlich heißen müsste, „das will ich nicht".

Ich habe mit Unternehmen auf der ganzen Welt zusammengearbeitet, die Millionenetats in ihre Werbung pumpen. Manche von ihnen investieren horrende Summen in Werbekampagnen in den Fernseh- und Printmedien. Sie prahlen, wie toll ihre Produkte, ihre Preise und ihr Service sind. Dabei ist die beste Werbung ein zufriedener Kunde, der eine Firma weiterempfiehlt. Und die denkbar schlechteste Werbung ist ein unzufriedener Kunde, der seine schlechten Erfahrungen brühwarm weitergibt.

Wenn Sie eine Führungskraft sind, sehen Sie zu, dass Ihre Angestellten nicht so sehr mit Verkaufen beschäftigt sind, dass sie vergessen, wozu sie da sind: Um den Kunden zu dienen. Denken Sie daran und erinnern Sie andere daran, dass wir alle unsere Arbeit nur zu einem einzigen Zweck tun, nämlich anderen zu dienen. Wir wissen doch, je besser wir anderen dienen, umso besser dienen sie uns. Dafür arbeiten wir: Um anderen zu dienen. Wie wir das tun, sollten wir am Einzelfall und den näheren Umständen ausrichten.

Wir alle tun unsere Arbeit nur zu einem einzigen Zweck, nämlich anderen zu dienen. Je besser wir anderen dienen, umso besser dienen sie uns.

„Wie ist das nun genau mit der Arbeitsmoral, Larry?"

„Larry, Sie sprechen die ganze Zeit darüber, was richtig und was falsch ist und was moralisch einwandfreies Verhalten ist. Sie sagen, man soll tun, was die Firma einem zu tun befiehlt. Wie ist das nun mit dem Typ von Sonic, der Ihnen eine Pepsi geben sollte und Ihnen stattdessen ein Dr Pepper gegeben hat? War das nicht gegen die Arbeitsmoral? Hat er nicht bewusst falsch gehandelt, nur um Sie als Kunden zufrieden zu stellen?"

„Und der Typ im RadioShack-Laden, der Ihren Namen, Ihre Adresse und Telefonnummer aufschreiben sollte, der hat doch auch nur seinen Job gemacht. Wenn er die Daten nicht bekommt, bekommt er doch Ärger mit seiner Firma."

„Im Doubletree Hotel, damals, da hatten Sie wirklich kein Recht auf einen zweiten Schokokeks. Was hat die Angestellte denn falsch gemacht? Sie hat doch nur getan, was sie tun sollte."

Sie haben recht! Ich habe diese Angestellten dazu gebracht, sich zwischen ihrer Firmenpolitik und dem Dienst an mir als Kunden entscheiden zu müssen. Ich habe damit einen moralischen Konflikt bei ihnen ausgelöst. Es geschah zu meinem Vorteil. Die Firmen müssen entscheiden, was wirklich wichtig ist, sie müssen ihren Mitarbeitern aber auch etwas Spielraum einräumen. Es ist doch eine Schande, wenn ein Angestellter gegen die Firmenpolitik verstoßen muss, um seinen Kunden guten Service bieten zu können. Die Antwort auf alle Fragen der Arbeitsmoral sollte davon abhängen, ob etwas gesetzlich erlaubt und moralisch richtig ist, ob es vernünftig und sinnvoll ist und ob es den Kunden wirklich dient.

„Bekommen Sie auch guten Service, Larry?"

Natürlich bekomme ich den auch. Ich nehme sogar an, es gibt alles in allem mehr guten als schlechten Service. Aber ich verhalte mich wie fast jeder, der einkauft und Geld ausgibt: Ich erinnere mich nicht an den guten Service – zumindest nicht monatelang. Und ich spreche nicht ständig darüber. Natürlich rede ich darüber mit den Leuten, die mit mir zusammen guten Service erlebt haben, und ich spreche mal eine Empfehlung aus, wenn ich mitbekomme, dass Freunde oder Bekannte beabsichtigen, in einem bestimmten Geschäft Geld auszugeben. Aber die guten Erinnerungen verblassen ziemlich schnell. So ist es auch mit gutem Service. Wir sind alle vergesslich. Aber schlechten Service, den merken wir uns und geben unsere Erfahrungen damit gerne weiter. Schlechten Service vergisst man nicht. Was sollten die Service-Verantwortlichen für Lehren daraus ziehen? Sie sollten tun, was sie nur können, um guten Service zu bieten, damit die Kunden sich nicht ewig daran erinnern und nicht immer wieder darüber reden müssen.

Es gibt auch schlimme Kunden

Wie Sie schon gemerkt haben, stehe ich normalerweise immer auf der Seite der Kunden. Aber manchmal trifft man auf Kunden, die es wirklich nicht wert sind. Kunden, die einen mehr ärgern, als sie einem einbringen.

Wenn ein Kunde einem Angestellten gegenüber persönlich ausfallend wird, ist er nicht wert, dass man ihm etwas verkauft. Das ist etwas anderes, als wenn „der Kunde wütend wird, weil ich etwas falsch gemacht haben soll." Kunden haben das Recht, wütend zu werden, wenn ein Fehler passiert ist. Sie haben vielleicht sogar das Recht, zu schreien, je nach Ihrer Reaktion auf ihre Beschwerde. Aber sie haben nicht das Recht, persönlich ausfallend zu werden.

Manche Kunden sind wirklich Kotzbrocken. Wenn Ihnen so jemand begegnet, überlegen Sie eine Sekunde lang, ob sein Geld den Ärger wert ist. Wenn ja, schlucken Sie Ihren Ärger hinunter, nehmen Sie ihn hin und sehen Sie zu, dass Sie möglichst heil davon kommen. Wenn nein, lassen Sie den Kunden stehen und denken Sie nicht weiter darüber nach.

Manche Kunden quengeln nur wegen des Preises. Sie interessieren sich nicht für eine gute Geschäftsbeziehung oder für Ihren Service; sie wollen nur den bestmöglichen Preis herausschlagen. Sie drohen Ihnen mit der Konkurrenz und damit, nicht mehr bei Ihnen zu kaufen. Sind das Kunden, die man halten sollte? Denken Sie an den Ausspruch meines Freundes Mark Sanborn, des Autors von *The Fred Factor*: „Die Kunden, die am wenigsten bezahlen wollen, sind die, die am meisten verlangen."

Ich schlage in diesem Fall vor, dass Sie Ihren Kunden erklären, dass Sie dann eben leider nicht mehr miteinander ins Geschäft kommen könnten, und genau begründen, warum nicht. Vielleicht sind Sie überrascht, was sie dann antworten. Vielleicht war ihnen gar nicht klar, dass sie es Ihnen schwer macht gehabt. Sollte das der Fall sein, erklären Sie es ihnen und geben Sie ihnen noch eine Chance, wenn sie sie wollen. Wenn sie dann aber entrüstet und genervt reagieren, bitten Sie sie höflich, ab jetzt woanders einzukaufen.

Larrys Tipps
für guten Service

››› Wir werden im Leben nur für eines belohnt und bezahlt: Dafür, dass wir anderen Menschen dienen.

››› Leider ist schlechter Service normal geworden.

››› Beschweren Sie sich bei der geeigneten Person, wenn Sie schlecht bedient wurden.

››› Wenn Ihnen eine Beschwerde vorgetragen wird, übernehmen Sie die Verantwortung, entschuldigen Sie sich und lösen Sie das Problem.

››› Firmenvorschriften und Geschäftspraktiken sollten immer daraufhin überprüft werden, ob sie dem gesunden Menschenverstand entsprechen.

››› Jeder Kunde hat Einfluss darauf, wie gut der Kundendienst welt-welt ist.

››› Je besser wir anderen dienen, umso besser dienen sie uns.

KAPITEL 15

Nichts passiert, solange nichts verkauft wird

Wollen Sie abnehmen? Es geht ganz einfach. Sie können so viel diskutieren und problematisieren, wie Sie wollen, es gibt nur zwei Möglichkeiten abzunehmen: Weniger essen und mehr Bewegung. Auch wenn Sie noch so viele Diätbücher lesen, Diätpillen schlucken, Diätdrinks trinken, Diätriegel und -mahlzeiten essen und in jede Diätgruppe der Welt eintreten, verlieren Sie dadurch nicht dauerhaft an Gewicht. Das geht nur, wenn Sie verstehen, dass der einzige Weg, dauerhaft und gesund abzunehmen darin besteht, weniger Kalorien zu sich zu nehmen und mehr Kalorien zu verbrennen. Diese zwei einfachen Rezepte funktionieren immer. Niemand kann das bestreiten, kein Arzt kann dem widersprechen. Diese zwei simplen Wahrheiten funktionieren immer.

Ähnlich einfach ist die Sache, wenn es ums Geldverdienen geht. Es gibt nur zwei Wege, wie man geschäftlich erfolgreicher werden kann: Entweder die Ausgaben reduzieren oder die Einnahmen erhöhen. So einfach ist das. Niemand kann dem widersprechen.

Auch in diesem Fall sind es zwei einfache Prinzipien, die immer funktionieren. Und es gibt jede Menge Möglichkeiten, beides zu erreichen.

Wenn Sie Ihre Ausgaben reduzieren wollen, können Sie das auf vielerlei Weise tun. Ich finde, der beste Weg ist, alle faulen und ineffektiven Angestellten zu entlassen. Die Personalkosten sind immer ein besonders hoher Kostenfaktor, daher ist es effektiv, hier anzusetzen. Danach können Sie sich auf andere Kostenbereiche stürzen. Allerdings kenne ich mich da nicht so gut aus.

Ich war nie gut darin, Ausgaben zu senken. Ich feilsche nicht gern um irgendwelche Waren und besitze und kaufe am liebsten nur das Beste. Ich lebe nicht gern bescheiden oder gar am Existenzminimum, weder privat noch beruflich. Weil ich noch nie gut darin war, mit weniger auszukommen, habe ich mein ganzes Leben damit zugebracht, mir zu überlegen, wie ich zu mehr Geld kommen könnte. Das ist meine Stärke: Die Einnahmen zu erhöhen. Mir auszudenken, wie ich mehr verdiene, damit ich mir das Beste leisten kann.

Der einfachste Weg, sein Einkommen zu vermehren, den ich kenne, ist der, etwas zu verkaufen. Ich bin durch und durch Verkäufer. Das war ich schon immer und werde es auch immer bleiben. Ich bin damit groß geworden. So habe ich mir schon als kleiner Junge, im Vorschulalter, einen Leiterwagen besorgt und bin damit von Haus zu Haus gezogen, um Tomaten zu verkaufen. Ich war gut darin. Ich hatte immer Geld in den Taschen. Meine Eltern hatten nicht viel, aber ich hatte schon als Kind immer etwas Kleingeld. Ich tat alles, um zu Geld zu kommen. Ich hob leere Flaschen, die irgendwo herumlagen, auf und verkaufte sie für zwei Cent das Stück. Ich schnitt Bäume für 1,50 Dollar pro Baum – nicht gerade mein bestes Geschäft, ich geb's zu. Wenn es ein kleiner Baum war, okay – aber bei einem meterhohen Baum sah die Sache schon anders aus! Ich verkaufte Süßigkeiten, Grußkarten und Zeitungen.

Weil meine Eltern beide im Einzelhandel arbeiteten, wuchs ich unter lauter Leuten auf, die vom Verkaufen lebten. Mein Großvater war ein Schausteller, der die Leute auf Ponys reiten ließ und Karussell-Fahrkarten verkaufte, um bei den Affen und Bären zu sein. Nachdem er mit dem Schaustellergewerbe aufgehört hatte, kaufte und verkaufte er Schweine und Rinder. Schon bevor ich richtig gehen konnte, hörte ich ihm zu, wie er feilschte, Gebote abgab und Geld einstrich.

Auch mein Weg zum professionellen Verkäufer war ein ganz natürlicher. Ich verkaufte Telefone für Southwestern Bell und später für meine eigene Firma. Die letzten 17 Jahre habe ich damit zugebracht, Vorträge zu verkaufen. Im Gefolge der Reden kamen die Bücher, Cassetten, Videos, DVDs und CDs, T-Shirts, Kaffeetassen, Schnapsgläser, Maskottchen und der ganze übrige Schnickschnack, den ich mir zur Vermarktung meines Redetalents einfallen ließ, um jeden Dollar mitzunehmen. Ich bin richtig gut darin. Die meisten anderen Redner kommen mit einem kleinen Klapptisch aus, auf dem ein paar Bücher und Cassetten liegen. Wenn ich komme, sieht es aus wie der Merchandising-Stand einer großen Rockband. Ich bin der Gene Simmons (KISS) der Vortragskunst; wenn ich irgendwo meinen Namen und Slogan draufdrucken kann, tu ich's und verkaufe sie.

Ich staune immer über die Leute, die sagen, sie seien im Vortrags-Business, aber dann kein richtiges Business daraus machen. Das ist ein Unterschied. Ich bin im Vortrags-Business, aber vor allem promote ich mich selbst. Ich selbst bin mein größtes Produkt. Ich bin die Seele meines Geschäfts. Und wenn ich etwas über Geschäfte weiß, dann das: Mein Produkt muss verkauft werden. Egal, wie gut ich bin, wie gut mein Vortrag oder mein Buch ist, es muss sich verkaufen. Das gilt auch für Sie. Egal, wie gut Sie selbst sind, wie gut Ihr Produkt ist, wie gut Ihr Ruf ist, wie glaubwürdig Sie sind, wie gut Ihre Preise sind und wie gut Sie im Wettbewerb dastehen – das allein ist alles unwichtig. Wichtig ist, dass Ihr Produkt Käufer findet.

Sie wollen es nicht einsehen? Denken Sie daran: Jeder Film, den Sie sehen, wurde verkauft. Warum, glauben Sie, tritt George Clooney in der Fernsehshow *Letterman* auf? Nicht, weil er die Show so spannend findet, sondern weil er Ihnen ,verkaufen' will, dass Sie in seinen neuesten Kinofilm gehen. Warum kommen Schriftsteller in die Shows *Today* und *Good Morning America*? Weil Matt oder Diane wirklich wissen wollen, was sie zu sagen haben? Nein, natürlich nicht. Sondern, weil der Autor und sein Verlag Ihnen das Buch verkaufen wollen. Warum stehen so viele Werbetafeln auf den Autobahnen und Landstraßen? Weil Werbung Verkaufen bedeutet. Deshalb dauert jede halbstündige Fernsehsendung in Wirklichkeit nur 21 Minuten. Die Macher müssen neun Minuten Werbung unterbringen, um die 21 Minuten Programm zu finanzieren.

Sie müssen sich selbst, Ihr Produkt und Ihre Firma verkaufen können. Wo niemand etwas verkauft, kauft auch niemand etwas, und dann geht Ihnen bald die Luft aus. Der alte Spruch: „Entwickeln Sie eine bessere Mausefalle, und die Welt wird Ihnen die Bude einrennen" stimmt nicht. Niemand rennt Ihnen die Bude ein, schon gar nicht wegen einer Mausefalle, wenn Sie nicht gelernt haben, sie zu verkaufen.

Wie verkauft man richtig?

Ich bin über meine Arbeit als Verkaufstrainer zu meinem jetzigen Beruf als Redner gekommen. Als ich noch bei Bell System angestellt war, schrieb ich Trainingshandbücher für Verkäufer. Ich wusste, wie man verkauft. Daher war es ganz normal für mich, Verkaufstrainer zu werden.

Ich ging zu den Jahresversammlungen der National Speakers Association und besuchte die Vorträge der weltbesten Verkaufstrainer, gehalten vor einem Publikum der weltbesten Verkäufer. Ich hörte dort Diskussionen über die Zukunft des Verkaufstrainings. Außerdem las ich jedes Buch zum Thema Verkaufen, das ich finden konnte. Was habe ich aus all dem gelernt? Dass viele Trainer das Verkaufen zu technisch angehen. Es ist aber nicht nur eine Frage der Technik – es geht dabei um viel mehr.

Mit Technik meine ich Anweisungen wie: „Wenn der Kunde ‚dies' sagt, sagen Sie ‚das'." Das Problem ist: Wenn der Kunde gar nicht ‚dies' sagt, können Sie mit Ihrem ‚das' gar nichts anfangen. Trotzdem besteht das herkömmliche Verkaufstraining aus lauter solchen Theorien und Techniken.

Mein Vorschlag ist: Jeder sollte diese technischen Vorgaben vergessen und stattdessen ein paar Grundsätze des Verkaufens lernen.

Denn Sie dienen Ihren Kunden am besten, wenn Sie gut verkaufen können.

Sie wissen bereits, wie ich über Service denke. Wenn Sie Ihrem Kunden etwas verkaufen, dienen Sie ihm am besten. Wenn Sie ein Produkt haben, das Kunden nützt, sind Sie es diesen Kunden schuldig, es ihnen zu verkaufen. Kunden etwas, das ihnen nützen könnte, nicht zu verkaufen, ist schlechter Service.

Warum Sie zu wenig verkaufen

Der wichtigste Grund dafür, dass Verkäufer zu wenig verkaufen, ist, dass sie eben schlechte Verkäufer sind. Sie rufen nicht genug Kunden persönlich an. Sie bitten die Kunden nicht, etwas zu kaufen. Sie wissen nicht, wie wichtig es ist, sich zu bedanken. Sie sind schlecht ausgebildet. Sie kennen ihre eigene Produktpalette nicht gut genug. Sie kennen die Produkte der Konkurrenz nicht. Sie werden für miese Ergebnisse nicht zur Verantwortung gezogen. Sie sind ganz einfach miserable Verkäufer.

*Wenn Ihre Verkaufszahlen schlecht sind, liegt es da-
ran, dass Sie als Verkäufer schlecht sind!*

Verkaufen Sie nicht zu viel

Wahrscheinlich fragen Sie sich: „Kann man denn zu viel verkaufen?", zumal ich doch immer so dafür bin, möglichst viel zu verkaufen. Lassen Sie es mich erklären.

Ich gehe oft zu Danny's Family Car Wash, einer Autowasch-Kette
in Scottsdale, Arizona. Sie arbeiten sehr gründlich, und das sehr
günstig. Ich fahre ziemlich oft hin, denn ich bin der Überzeugung,
ein sauberes Auto zeigt, dass man ein ordentlicher Mensch ist. Deshalb ist es mir wichtig, dass das Auto innen und außen richtig sauber
ist. Wenn man bei der Waschanlage vorfährt, kommt gleich ein ganzes Team angelaufen, saugt das Auto und fragt, was man gerne
hätte – Tanken, Ölwechsel, Waschen mit oder ohne Wachs (ich verlange immer ein brasilianisches Wachs, was sie jedes Mal verwirrt).
Dann kommt ein Kontrolleur und sieht sich das gesamte Auto noch
mal an. Er prüft die Windschutzscheibe auf Beschädigungen, die
gegebenenfalls gegen Extra-Gebühr behoben werden. Er prüft die
Bodenmatten und empfiehlt ein Spezial-Shampoo, mit dem sie gegen Extra-Gebühr gereinigt werden. Er prüft, ob Ihre Reifen abge-
fahren und Ihre Stoßfänger stark verschmutzt sind – er prüft, was
immer Sie wollen. Im Allgemeinen finde ich das sehr gut, aber
manchmal, wenn der Angestellte übereifrig ist, nervt es mich.

Neulich war ich dort, um den Mini-Cooper meiner Frau zum Waschen zu bringen. Da kam der Kontrolleur zu mir und meinte: „Oh,
das Auto braucht aber dringend Wachs!" Ich fragte: „Meinen Sie
wirklich? Ich habe es noch nicht einmal waschen lassen, es hat doch
erst 300 Kilometer drauf – wozu braucht es da schon Wachs?" Der
Mann war verlegen, und das zu Recht. Er hatte versucht, mir zu viel

zu verkaufen. Er hatte versucht, mir etwas anzudrehen, was ich offensichtlich nicht brauchte.

Was ist daran so schlimm? Dass er damit seine Glaubwürdigkeit bei mir verspielt hat. Auf einmal fühlte ich mich nicht mehr gut bedient; ich fühlte mich bedrängt. Ich glaube, die Leute lassen sich gerne etwas verkaufen, aber nichts, was sie nicht brauchen. Leider wird dieser Unterschied durch schlechte Verkäufer, die ihn nicht kennen oder ignorieren, immer mehr verwischt.

> *Die Leute lassen sich gerne etwas verkaufen, aber sie*
> *mögen es nicht, wenn man sie bedrängt.*

Bleiben Sie beim Verkaufen immer höflich. Bleiben Sie zurückhaltend und taktvoll. Seien Sie vernünftig. Bedrängen Sie die Leute nicht. Seien Sie sensibel. Gehen Sie, wenn Sie den Eindruck haben, es ist besser so. Fragen Sie die Kunden, ob sie etwas kaufen möchten, nur wenn es angebracht ist. Setzen Sie Ihren Kopf, Ihre Ohren, Ihr Gehirn und Ihr Herz ein, um Ihre Kunden höflich zu bedienen.

Die Leute haben ihre eigenen Gründe, etwas zu kaufen, nicht Ihre Gründe

Die Kunden zücken erst dann den Geldbeutel, wenn sie dafür gute Gründe haben, keine Sekunde vorher. Der Grund ist nicht, Ihnen durch den Kauf etwas Gutes zu tun. Kein Kunde kümmert sich wirklich darum, wie dringend die Verkäuferin oder der Verkäufer den erfolgreichen Geschäftsabschluss braucht. Sagen Sie Ihrem Kunden, warum er bei Ihnen kaufen sollte. Es muss nicht immer ein triftiger Grund sein. Manche Kunden warten geradezu darauf, dass man ihnen die Erlaubnis gibt, etwas zu kaufen – Ihr Job ist es, ihnen diese Erlaubnis zu geben, indem Sie ihnen ein paar gute Kaufgründe nennen.

Vor langer Zeit habe ich irgendwo gehört oder gelesen oder gesehen, es gäbe nur fünf Gründe, warum Kunden nicht kaufen wollen, und die wären: keine Notwendigkeit, keine Eile, kein Geld, kein Bedürfnis, kein Vertrauen. Leider weiß ich nicht mehr, wer das gesagt hat, sonst würde ich die Quelle gerne nennen. Es ist zu lange her, und ich weiß nicht, wie und wo ich es nachsehen könnte. Jedenfalls begleiten diese fünf Gründe mich seit vielen Jahren und haben mir schon zu zahlreichen Geschäften verholfen. Wenn Sie sie benutzen und weitergeben und jemandem dafür danken wollen, sagen Sie einfach, sie hätten sie von mir; aber die Urheberrechte daran habe ich nicht.

Diese fünf Gründe, warum die Leute etwas nicht kaufen wollen, sind, richtig verstanden, außerordentlich hilfreich:

Keine Notwendigkeit. Das ist in der Regel kein großes Problem. Die Leute kaufen nur selten, was sie wirklich brauchen. Wenn sie etwas brauchen, werden sie es auch ohne Ihre Beratung kaufen. Dann haben Sie keine große Mühe damit, es ihnen zu verkaufen, weil sie es ja sowieso brauchen. Beachte: Für Dinge des täglichen Bedarfs wie Toilettenpapier gibt es keine Verkäufer.

Keine Eile. Der Kunde braucht etwas, er will es haben, aber es eilt ihm nicht. Das ist eine Herausforderung für Sie. Sie müssen ihm die Dringlichkeit klar machen. Zeigen Sie ihm, was er davon hat, dass er die Entscheidung sofort trifft anstatt später. Beweisen Sie ihm, dass es für ihn nachteilig wäre, zu warten. Wenn Ihnen nichts anderes einfällt, fragen Sie ihn, warum er etwas, das er doch dringend braucht und haben möchte und später sowieso kaufen wird, nicht schon jetzt kaufen möchte. Aber vielleicht hat er ja …

Kein Geld. Dieses Argument hält nur wenige Leute vom Kaufen ab. Die Leute kaufen sehr oft, was sie nicht brauchen, nur weil sie es unbedingt haben wollen. Kredit ist selten ein Hinderungsgrund. Ein Bankrott, fehlende Kreditwürdigkeit, kein Arbeitsplatz, zu viele unbezahlte Rechnungen – all das hält die meisten Leute nicht davon ab, etwas zu kaufen. Mangel an Geld ist in der Regel nicht das Problem. Außerdem lügen viele, wenn sie solche Gründe anführen. Sie haben das Geld, sich das Produkt zu kaufen, aber sie wollen es Ihnen nicht auf die Nase binden! Denken Sie daran: Die Leute sind sofort dazu bereit, etwas zu kaufen und treiben auch das Geld dafür auf, wenn sie es wirklich haben wollen. Das bringt uns zu dem schwierigsten der fünf Gründe, etwas nicht zu kaufen, nämlich …

Kein Bedürfnis. Wenn die Leute etwas unbedingt haben wollen, setzen sie Himmel und Hölle dafür in Bewegung. Sie lechzen danach, sie schlafen nachts schlecht, sie lügen, betrügen und stehlen, um es zu bekommen. Ihr Job als Verkäufer ist es, dafür zu sorgen, dass die Leute Ihre Ware unbedingt haben wollen. Helfen Sie ihnen dabei, etwas zu begehren – lassen Sie sie daran riechen, sie probieren, davon träumen, sich schlaflos im Bett wälzen. Wecken Sie bei ihnen ein derartiges Kaufbedürfnis, dass sie immerzu daran denken müssen. Dann gehen Sie ihnen aus dem Weg, bis sie Ihnen einen Scheck ausstellen. Und das werden sie früher oder später tun, es sei denn, sie haben …

Kein Vertrauen. Wenn die Leute Ihnen nicht vertrauen, dann vergessen Sie's. Keiner gibt einem anderen sein Geld, dem er nicht vertraut. Sind Sie ein Schleimer und Kriecher? Dann bekommen Sie nichts. Reden Sie zu viel und zu hektisch? Dann gibt's keinen Scheck für Sie. Haben Sie einen zweifelhaften Ruf? Da gehe ich doch lieber woanders hin. Kapiert? Seien Sie, wirken Sie vertrauenswürdig.

Während ich diesen Absatz schreibe, warte ich gerade auf einen Verkäufer, der mir ein Paar kosmische, maßgefertigte Holztüren für

meine Garage am Haus anbieten wollte. Wir waren um 11 Uhr vormittags verabredet. Jetzt ist es nach 14 Uhr und der Typ ist immer
noch nicht da, hat aber auch nicht angerufen, dass er später kommt.
Ich habe ihm gerade eben auf die Mailbox gesprochen, dass er nicht
mehr zu kommen braucht. Wenn ein Verkäufer seine Termine nicht
einhalten kann und mich nicht wenigstens anrufen kann, wenn es
ein Problem gibt, dann kann ich ihm auch nicht mehr vertrauen, was
den Rest des Geschäfts angeht. Mein Vertrauen ist zerstört. Ich gehe
lieber zu jemand anderem. So läuft das.

Verkaufen ist einfach!
Erfolgreiches Erscheinungsbild

Die Leute kaufen lieber bei jemandem, der erfolgreich aussieht.
Da wir zuerst und primär mit den Augen urteilen und uns so „ein
Bild machen", sind ein erfolgreiches Aussehen und seriöses Auftre-
ten sehr wichtig. Ein elegantes Aussehen Ihrer Geschäftsräume,
gepflegte Kleidung, eine elegante Brieftasche und ein statusge-
mäßes Auto zeigen, dass Sie als Verkäufer erfolgreich sind. Ich
weiß, dass man das auch vortäuschen kann, aber das geht nicht
lange gut.

Niemand möchte bei jemandem kaufen, der einen alten, verroste-
ten Schlitten fährt, altmodische oder abgetragene Kleidung trägt
oder Schuhe mit abgelaufenen Hacken. Solche und ähnliche Er-
scheinungsmängel zeigen, dass es Ihnen finanziell nicht gut geht,
was den Schluss nahe legt, dass Sie als Verkäufer nicht erfolgreich
sind. Was bedeutet, dass die meisten Menschen nichts von Ihnen
kaufen wollen.

Sorgen Sie für ein gutes Aussehen. Kleiden Sie sich tipptopp. Fahren Sie einen eleganten Wagen, den besten, den Sie sich leisten
können. Und halten Sie ihn immer sauber!

Seien Sie freundlich

Kunden kaufen nur bei Leuten, die ihnen sympathisch sind. Seien Sie freundlich. Eigentlich selbstverständlich, nicht wahr? Ist es aber nicht. Viele Leute sind nicht wirklich freundlich. Seien Sie's, seien Sie aber auch nicht zu freundlich. Sie sind nicht mein bester Kumpel, also tun Sie nicht so, als wären Sie's. Berühren Sie mich nicht, außer Sie geben mir die Hand, wenn ich Ihnen die Hand gebe. Seien Sie nicht zu kontaktfreudig. Dringen Sie nicht in meine Privatsphäre ein. Seien Sie professionell, höflich, respektvoll und freundlich.

Fragen Sie die Leute

Schon in der Bibel heißt es: „Du hast nichts, weil du nicht fragst." Das ist absolut richtig. Man könnte auch sagen: Du verkaufst nicht genug, weil du nicht genug fragst.

Fragen Sie. Fragen Sie. Fragen Sie! Viele Menschen würden gerne etwas kaufen, wenn jemand sie darum bäte. Die Leute erzählen Ihnen fast alles, was Sie wissen wollen, wenn Sie sie nur danach fragen. Werden Sie ein Meister in der Kunst des Fragens!

Denken Sie, was passiert, wenn Sie nur einen Menschen am Tag mehr fragen. Bei 220 Arbeitstagen im Jahr ergibt das 220 Menschen mehr, die Gelegenheit haben, etwas von Ihnen zu kaufen. Das wären bei nur zehn Prozent Käufern schon 22 Käufe pro Jahr mehr. Wie viel mehr Provision bekämen Sie dann? Rechnen Sie nach und sehen Sie, wie einfach es ist, Ihr Einkommen zu erhöhen, indem Sie einen Menschen pro Tag mehr fragen, ob er bei Ihnen kauft.

Wenn Sie die Kunden fragen, gibt es nur zwei Möglichkeiten: Sie sagen entweder Ja oder Nein. Natürlich gibt es auch andere Antworten, aber es läuft im Prinzip auf Ja oder Nein hinaus. Wenn sie Ja sagen, machen Sie das Geschäft und nehmen Sie Ihr Geld. Wenn sie Nein sagen, und davor haben die Menschen am meisten Angst, denken Sie immer daran: Fragen ist nicht tödlich. Sie sterben doch nicht, wenn der Kunde Nein sagt. Also nichts wie ran und fragen!

Bitten Sie Ihre Kunden um mehr. Bitten Sie Ihren Arbeitgeber um mehr. Bitten Sie Ihre Angestellten um mehr. Aber bevor Sie die alle um mehr bitten, bitten Sie sich selbst um mehr.

Finden Sie heraus, was die Leute wollen

Finden Sie heraus, was die Leute wollen und geben Sie ihnen mehr davon. Finden Sie heraus, was sie nicht wollen und geben Sie ihnen nichts mehr davon. Gibt es etwas Einfacheres? Das ist alles, was Sie wissen müssen, um mehr zu verkaufen: Finden Sie heraus, was sie wollen und geben Sie es ihnen. Das Problem ist nur, dass wir nicht immer so genau wissen, was unsere Kunden wollen. Was ist da zu tun? Es herausfinden.

Und wie finde ich heraus, was die Leute wollen? Indem ich sie frage. (Ich weiß, ich wiederhole mich.)

Seien Sie aufmerksam

Beobachten Sie die Kaufgewohnheiten Ihrer Kunden aufmerksam. Achten Sie darauf, was die Leute kaufen, wie sie es kaufen und wann. Beobachten Sie Ihre Wettbewerber. Beobachten Sie auch, wie Ihre Kolleginnen und Kollegen im Laden verkaufen. Kopieren Sie sie nicht, aber lernen Sie aus dem, was sie richtig beziehungsweise falsch machen.

> *„Wir alle sehen gerne hin – auf den Fernsehschirm, auf das Zifferblatt der Uhr, auf den Autobahnverkehr – aber nur wenige von uns sind Beobachter. Jeder sieht zu, aber nur wenige sehen."*
>
> *Peter M. Leschak,*
> *Autor des Buches* Trials by Wildfire

Hören Sie zu

Zuhören fällt vielen Menschen sehr schwer. Manche schaffen es überhaupt nicht. Die Leute erzählen Ihnen gerne, was sie denken – über Sie, Ihre Konkurrenz und über Ihre Produkte. Hören Sie ihnen genau zu. Oft ist gerade das, was man leicht überhört, besonders wichtig.

Die meisten Menschen sind sehr schlechte Zuhörer. Sie denken, Zuhören wäre die Zeit, in der man darauf wartet, dass das Gegenüber fertig spricht, bis man selbst wieder dran ist. Falsch. Zuhören heißt, genau hinhören. Viele hören nur auf das, was sie hören wollen. Sagen Sie etwas, was sie nicht hören wollen, und sie hören nicht mehr hin. Versuchen Sie es mal. Wenn Sie an der Kasse stehen und Ihr Frühstück bezahlen, und die Kassiererin fragt: „Wie war's?", erzählen Sie es ihr doch mal. Sie werden sehen, sie wird nicht hören wollen, dass Ihre Eier zu kurz gebraten und die Hash Browns noch beige waren. Sie will bestimmt auch nicht hören, dass Sie keine zweite Tasse Kaffee bekamen und dass es zehn Minuten gedauert hat, bis Sie die Rechnung bekamen. Sie will, dass Sie das sagen, was die anderen 99 Prozent Kunden vor Ihnen auch gesagt haben, nämlich „gut".

Die Kunst des aufmerksamen Zuhörens ist bei uns ziemlich in Vergessenheit geraten. Vielleicht liegt es daran, dass wir alle denken, das, was wir zu sagen haben, sei so wichtig, dass wir nicht mehr richtig darauf achten, was andere zu uns sagen. Es ist nicht so, dass andere uns nicht zuhören oder zuhören können, sondern so, dass wir uns nicht genug für andere interessieren, um ihnen zuzuhören.

Eigenwerbung betreiben

> *„Klappern gehört zum Handwerk."*
>
> *Cavett Robert,*
> *Gründer der National Speakers Association*

Bei diesem Thema muss man sehr vorsichtig sein. Es gibt Leute, die einem gleich in den ersten Minuten des Kennenlernens ihre Visitenkarte unter die Nase halten und erzählen, was sie beruflich machen. Ich finde das aufdringlich. Ich möchte nicht, dass jede neue Begegnung gleich zu einem Verkaufsgespräch wird. Ich möchte nicht gleich das Gefühl haben, als wäre ich bei einer Veranstaltung der Industrie- und Handelskammer gelandet.

Netzwerke

Es wird Zeit, gleich noch ein paar anderen Leuten auf die Zehen zu treten! Ich gebe Ihnen den guten Rat, sich von Netzwerk-Gruppen und deren Treffen fern zu halten. Ungefähr die Hälfte aller Verkäufer ist in solchen Gruppen organisiert und ist davon total überzeugt. Dabei sind in solchen Gruppen nur Verkäufer, die ihre Sachen an andere Verkäufer verkaufen. Nur wenige pflegen wichtige Beziehungen. Ich garantiere Ihnen, dass die Top-Verkäufer jeder Branche ihre Zeit nicht mit solchen Meetings verschwenden. Sie verbringen ihre Zeit lieber mit ihren Kunden. Ein glücklicher, zufriedener Kunde tut mehr für Ihren Ruf und bringt Ihnen mehr ein als eine kleine, unbedeutende Gruppe von Verkäufern, die selbst kaum wissen, wie man erfolgreich Geschäfte macht.

Das finden Sie unfair diesen Gruppen gegenüber? Fragen Sie mal in Ihrer Gruppe nach, wo die Leute, verglichen mit anderen professionellen Verkäufern ihrer Branche, rangmäßig stehen. Ich wette mit Ihnen, dass, wenn überhaupt, nur sehr wenige zu den besten 25 Prozent ihrer Branche gehören, was den Umsatz angeht. Fragen Sie sie, wie hoch ihr Durchschnittseinkommen ist. Wenn Sie ihnen die Wahrheit sagen würden, und ich glaube nicht, dass sie das tun werden, wären Sie mit einem solchen Verdienst bestimmt nicht zufrieden.

Was ich Ihnen klar machen möchte, ist: Je mehr Leute wissen, was Sie beruflich machen, umso mehr von denen können Sie an andere weitervermitteln, die sie kennen und die Ihre Dienste brauchen. Seien Sie mit Ihren eigenen Empfehlungen vorsichtig. Wenn Sie nicht selbst die Dienste desjenigen in Anspruch genommen und mit eigenem Geld dafür bezahlt haben, sollten Sie sie anderen nicht weiterempfehlen. Wenn die dann nämlich schlechte Erfahrungen machen sollten, kommt das Ganze wie ein Bumerang auf Sie zurück. Es kann Ihren guten Ruf schädigen. Ich selbst empfehle keinen meiner Freunde weiter, außer ich habe dieselbe Dienstleistung, für die ich ihn empfehle, auch schon einmal von ihm bekommen; ich sage dazu, dass ich gute Erfahrungen gemacht habe, aber die Person sich selbst ein Bild machen soll. Ich möchte nicht, dass jemand sauer auf mich ist, weil ich einen Loser empfohlen habe.

Trotz all dieser Dinge, die es zu beachten gilt, sollten Sie Eigenwerbung betreiben. Hier ist mein Vorschlag dazu: Kommen Sie viel mit Leuten zusammen. Machen Sie sich bekannt. Gehen Sie zu Wohltätigkeitsveranstaltungen, Stadtratssitzungen, Weinproben, Kunstausstellungen, in die Kirche, was Sie wollen. Gehen Sie unter Leute. Nicht mit einer Handvoll Visitenkarten, die Sie verteilen wollen. Am besten denken Sie gar nicht an Geschäftliches. Gehen Sie einfach hin und machen Sie mit. Lassen Sie Ihren Charme spielen, sodass andere Sie bewundern, auf Sie zählen, Ihnen vertrauen und gerne mit Ihnen die Zeit verbringen. Wenn Sie es dahin gebracht haben, fragen die Leute Sie auch gelegentlich, was Sie beruflich machen; Sie werden erstaunt sein, wie viele Menschen mit Ihnen arbeiten wollen. Ziehen Sie andere durch Ihren Charakter an. Tolle Idee, nicht wahr? Die Leute werden zu Ihnen kommen, weil sie mit Ihnen Geschäfte machen wollen, weil Sie so sind, wie Sie sind. So betreibt man Eigenwerbung!

Verkaufen Sie jetzt, nicht später

Vor ein paar Jahren ging ich in ein Zigarrengeschäft in Scottsdale, Arizona. Ich rauchte damals ganz spezielle Arturo-Fuente-Zigarren, die nur wenige Geschäfte führen. Ich ging in den Laden und staunte nicht schlecht, als ich dort zwei Schachteln meiner Lieblingssorte fand. Ich griff nach der offenen Kiste und der vollen Kiste, die dahinter stand und ging freudestrahlend zur Kasse. Da sagte der Ladeninhaber, ich dürfe leider nur vier Zigarren kaufen, diese Sorte sei limitiert. Ich fragte ihn, warum er einen Kunden wegschicken wolle, der bereit sei, seinen ganzen Vorrat der Marke zu kaufen. Er antwortete, es könnten ja auch noch andere Kunden kommen und nach dieser Sorte fragen, und er wolle immer etwas da haben, um auch sie zufrieden zu stellen. Ich erwiderte, es sei doch genauso gut möglich, dass kein anderer Kunde mehr kommt und danach fragt und er dann keine weitere Zigarre mehr verkaufen kann. Er sagte, das sei schon möglich, aber irgendwann könne er sie schon verkaufen. Finden Sie das logisch? Ich nicht. Da beschränkt jemand seine eigenen Tageseinnahmen, nur um vielleicht irgendwann noch jemand anderen bedienen zu können. Er denkt an die Zufriedenheit künftiger Kunden, die er noch gar nicht hat und lässt den Kunden, der zahlungswillig vor ihm steht, unbefriedigt gehen.

Wie schon erwähnt, verkaufe ich nach meinen Vorträgen Bücher, T-Shirts, DVDs, CDs und anderes. Wenn etwas ausgeht, aber vor mir immer noch Leute stehen, die Geld in der Hand halten und den Artikel haben wollen, nehme ich das Geld und verspreche, ihnen das Produkt, das sie wollen, am nächsten Tag zu schicken, wobei ich zusage, die Transportkosten selbst zu übernehmen. Oft sagen sie dann, sie wollten lieber später auf meine Website gehen und die Sachen dort kaufen. Das ist nicht in meinem Sinne. Eine der Möglichkeiten, sie davon abzubringen, ist, dass ich im Internet mehr verlange als bei meinen Vorträgen. Viele Leute verstehen das nicht. Die Kunden haben doch gesagt, sie wollten kaufen, was macht es dann für einen Unterschied, zumal da ich ja online sowieso mehr dafür nehme? Der Grund ist: Menschen sind Impulskäufer. Sie haben mich soeben sprechen gehört. Sie mögen mich. Sie wollen ein Stück von mir mitnehmen. Bis morgen ist ihre Leidenschaft schon etwas abgekühlt. Morgen haben sie wieder zu reisen oder zu arbeiten oder andere Dinge zu tun, die sie davon abhalten, per Internet zu ordern. Ich schätze, höchstens 25 Prozent derer, die heute sagen, sie wollten etwas kaufen, gehen morgen wirklich online und bestellen. Wenn ich ihnen das Geld abnehme, solange ihre Begeisterung noch frisch ist, bekomme ich aber alle Bestellungen. Und die paar Dollar, die ich für die Versandkosten berappen muss, sind es allemal wert.

Haben Sie das auch schon erlebt? Sie gehen in einen Laden, sehen sich um und finden genau das, was Sie wollen, und dann erzählt man Ihnen, der Artikel sei nicht mehr auf Lager. Sie stehen direkt vor dem guten, brandneuen Stück und bekommen die Auskunft, es sei ausverkauft. Das ist mir schon mehrmals passiert. Wenn ich die Worte „Das haben wir nicht mehr" höre und das Ding gleichzeitig vor mir sehe, verstehe ich die Welt nicht mehr. Ich sage: „Behaupten Sie bitte nicht, Sie hätten keines mehr. Da, vor mir, steht es doch." Die Antwort ist: „Aber das ist das Vorführmodell. Wir brauchen es noch, um es anderen Leuten auch verkaufen zu können." Ach so, und mir wollen Sie es nicht verkaufen? Firmen, die so denken und handeln, machen einen großen Fehler. Verkaufen Sie alles, was Sie da haben; die Leute kaufen etwas, weil es sie reizt, aus einem Impuls heraus. Wenn sie etwas haben wollen, dann auf der Stelle. Geben Sie es ihnen! Verpassen Sie nicht die Chance, etwas zu verkaufen! Holen Sie sich das Geld *jetzt*, bearbeiten Sie die Bestellung *jetzt*, holen Sie sich die Unterschrift des Kunden *jetzt*, lassen Sie sich die Zusage *jetzt* geben. Jetzt, nicht später!

Wissen, worüber man spricht

Sie wissen nicht genug. Diskutieren Sie nicht mit mir. Es gibt mehr, was Sie lernen müssen. Viel mehr. Sie lernen nie aus – das betrifft

Ihr Produkt ebenso wie Ihre Firma, Ihre Konkurrenz oder Ihre eigene Person. Bleiben Sie am Ball. Wenn da nicht mindestens fünf großartige Bücher auf Ihrem Tisch liegen, sind Sie nicht am Ball. Wenn Sie nicht ständig ein paar Business-Bücher, eine Biografie, etwas leichte Unterhaltung und ein paar Zeitschriften lesen, haben Sie nicht die nötige Dynamik und Vielseitigkeit. Außerdem wird man sich in Ihrer Nähe rasch langweilen. Lesen Sie. Gehen Sie in Seminare. Hören Sie sich Cassetten und CDs im Auto an. Bleiben Sie informiert.

Sie können noch mehr tun, um mehr zu verkaufen

Seien Sie ehrlich. Jedes Mal und ausnahmslos, auch wenn es schwer fällt. Dann sogar erst recht. Wenn Ihr Produkt etwas nicht kann, sagen Sie es offen. Reden Sie nicht um den heißen Brei herum, lügen Sie nicht und beschönigen Sie nichts; geben Sie es einfach zu.

Rückrufe. Rufen Sie prompt zurück, nicht erst ein paar Tage später, mit irgendeiner fadenscheinigen Entschuldigung.

Notieren Sie alles. Arbeiten Sie nicht aus dem Gedächtnis, sondern mit Ihrer Dokumentation. Das gibt Ihnen nicht nur eine bessere Grundlage, sondern die Kunden informieren Sie auch besser, wenn sie wissen, dass Sie ihre Wünsche notieren. Die Kunden wollen, dass Sie das für sie Wichtige behalten und geben Ihnen klarere Auskünfte, wenn Sie den Kugelschreiber zücken. Deshalb sagen Sie am Telefon ruhig, dass Sie sich Notizen machen.

Seien Sie pünktlich. Termine macht man nicht aus Jux, sondern um sie einzuhalten. Sie sind ein Versprechen, dann und dann zu kommen, so wie ein Scheck ein Versprechen ist, zu zahlen. Lassen Sie den ‚Scheck' Ihrer Verabredung nicht platzen!

Seien Sie am Telefon geschickt und gut drauf. Wir sind es gewohnt, Informationen über andere durch Augenschein zu sammeln, uns „ein Bild zu machen". Das geht am Telefon nicht. Sie sollten das ersetzen durch Ihre Stimme, durch die Tonhöhe und Modulation, Lautstärke, Enthusiasmus und eine positive Stimmung. Geben Sie anderen am Telefon ein gutes Feedback. Lassen Sie Ihr Gegenüber spüren, dass Sie zuhören, indem Sie lauter sprechen, wenn er oder sie etwas gesagt hat. Grunzen Sie zumindest gelegentlich hinein, damit man merkt, dass Sie noch dran sind. Und gehen Sie technisch korrekt mit dem Instrument Telefon um. Werfen Sie die Leute nicht aus der Leitung, wenn Sie sie durchstellen. Wenn Sie zu dumm sind, mich mit jemandem zu verbinden, sind Sie vermutlich auch zu dumm, mir etwas zu verkaufen.

Geben Sie mehr, als Sie versprechen. Sorgen Sie dafür, dass der Kunde nicht sagt: „Eigentlich habe ich mehr erwartet."

Fassen Sie nach. Der angenehmste Kunde ist der, dem Sie schon etwas verkauft haben und der damit sehr zufrieden war.

Schweigen Sie. Genauso wichtig wie zu wissen, wann man lauter sprechen sollte, ist es zu wissen, wann man lieber ruhig sein sollte. Reden Sie nicht weiter, nur weil Sie noch mehr zu sagen hätten. Durch Reden kann man ein Geschäft abschließen, noch leichter kann es aber in den Sand setzen.

Ein ordentlicher Händedruck. Es soll nicht so sein, als hätte man einen toten Fisch in der Hand oder nur die Fingerspitzen des

Gegenübers. Es scheint für Frauen schwieriger zu sein als für Männer, obwohl ich auch manchmal, wenn ich Männern die Hand gebe, hinterher das Gefühl habe, ich sollte mir am liebsten sofort die Hände waschen, weil da etwas Ekliges und Totes ist. Nehmen Sie einfach die Hand Ihres Geschäftspartners und schütteln Sie sie. Nur zwei- oder dreimal. Drücken Sie sie nicht zu fest, aber auch nicht zu schlaff. Strecken Sie Ihre Hand weit genug hin, dass Ihre Haut zwischen Daumen und Zeigefinger die des Gegenübers berührt, und drücken Sie zweimal kurz und leicht zu. Halten Sie sie danach nicht länger fest. Das wäre zu persönlich und wird als aufdringlich empfunden. Wenn mich jemand an sich zieht, um mit mir zu sprechen und dabei die ganze Zeit meine Hand nicht mehr loslässt, fühle ich mich immer, als wollte irgendein Prediger meine Seele retten und dabei eigentlich nur an meine Brieftasche ran. Es wäre nicht das erste Mal …

Übrigens, manche Menschen geben anderen nicht gern die Hand. Donald Trump und Howie Mandel gehören dazu. Machen Sie es so: Wenn Ihnen jemand die ausgestreckte Hand bietet, nehmen Sie sie. Wenn nicht, dann fordern Sie ihn nicht dazu auf. Wenn Sie Ihre Hand ausstrecken, er sie aber nicht nimmt, ist es in Ordnung. Vielleicht hat Ihr Gegenüber Angst vor Keimen. Lassen Sie sich dadurch nicht irritieren; ignorieren Sie's.

Lassen Sie sich nicht entmutigen. Sie können nicht alle Kunden für sich gewinnen. Oft werden Sie keinen Erfolg haben. Da ist man sich sicher, jemandem etwas verkaufen zu können, und dann wird doch nichts daraus. Vielleicht bekommen Sie gerade das Geschäft, für das Sie Ihre Provision in Gedanken schon ausgegeben haben, nicht. Das kann passieren. Stehen Sie wieder auf, wenn Sie hingefallen sind. Sie brauchen nicht jedem etwas zu verkaufen. Aber dem nächsten Kunden. Also bleiben Sie dran.

Bauen Sie Erfolge aus. Ruhen Sie sich nicht auf Ihren Lorbeeren aus, wenn Sie etwas verkauft haben. (Mit *Lorbeeren* meine ich das, was Sie erreicht haben, aber auch Ihr fettes Hinterteil.) Wenn Ihnen ein gutes Geschäft gelungen ist und Sie noch auf Adrenalin sind, sollten Sie gleich weiter machen. Wer sich als Sieger fühlt, kann leichter wieder einer werden.

Eine dumme Idee

Kennen Sie die alte Verkaufsregel, man sollte immer möglichst rasch zum Abschluss kommen? Sie wurde jahrelang landauf, landab als Video verbreitet und von Hunderten Organisationen gesehen. Was für eine dumme und schädliche Idee! Ich bin sicher, dass dieses Konzept dem Verkaufen an sich und den Verkäufern, die es praktizierten, sehr geschadet hat. Da hieß es, man solle ständig auf einen Geschäftsabschluss hinwirken. Ich meine, immer! Es wurde tatsächlich behauptet, wer es so mache, sei ein erfolgreicher Verkäufer. Aber das ist Quatsch. Die Leute wollen nicht die ganze Zeit über zum Kauf gedrängt werden. Wenn Sie jede Verabredung schon mit einer Abschlussfrage beginnen und nach jedem Ihrer Verkaufsargumente versuchen, den Deal sofort abzuschließen, werden Ihre Kunden bald stinksauer sein.

Ein Grund zählt mehr als alle anderen

Auch wenn es viele Gründe zu kaufen gibt – jeder Kunde will hauptsächlich aus einem Grund mit Ihnen ins Geschäft kommen. Ein einziger Grund. Und welcher ist das? Weiß ich auch nicht.

Aber es ist nicht schwer, das herauszufinden. Alles, was Sie tun müssen, ist, zu fragen. Probieren Sie's aus. Fragen Sie: „Ich habe die Erfahrung gemacht, dass die Leute meistens einen Grund haben, etwas zu kaufen oder nicht zu kaufen. Was ist Ihnen am wichtigsten?"

Die Antwort kann für Sie sehr hilfreich sein. Haben Sie immer noch Angst, danach zu fragen? Dann eben nicht. Aber achten Sie genau auf den Kunden, hören Sie ihm gut zu und so weiter – wie ich es Ihnen erklärt habe. Aber machen Sie es sich nicht zu schwer. Finden Sie heraus, was die Leute wollen und geben Sie es ihnen. Ich weiß, ich habe es schon mehrmals gesagt. Aber viele wollen nicht glauben, dass es so einfach ist.

Soll ich es Ihnen beweisen? Ich frage Sie: Warum gehen Sie immer in dieselbe chemische Reinigung? Weil sie billiger ist als die anderen? Weil die Leute dort freundlicher sind? Die Antwort ist: Sie gibt Ihnen das, was für Sie wichtig ist, und das besser als die anderen. Wenn es nicht so wäre, wären Sie schon lange zu einer anderen Firma gewechselt.

Dasselbe gilt für Ihren Lebensmittelhändler, für Ihr Lieblingsrestaurant, Ihre Bar, Ihr Fitness-Studio. Sie brauchen bloß zu sagen, was Sie wollen, schon bekommen Sie es, und zwar so, wie Sie wollen.

Die Bank mit den roten Lutschern

Bevor ich nach Arizona kam, lebte ich in Tulsa, Oklahoma. Dort war ich viele Jahre lang Kunde derselben Bank, der State Bank (dt.: Staatliche Bank). Wollen Sie wissen, warum ich immer dahin ging? Ich kann es Ihnen sagen. Wegen der roten Lutscher. Sie gaben mir dort immer einen roten Lutscher. Ist das ein guter Grund, einer Bank treu zu bleiben? Natürlich! Denn ich bin Kunde, und der Kunde hat immer recht.

Ich erledige meine Bankgeschäfte immer am Drive-in-Schalter. Irgendwann einmal musste ich in die Bank gehen, um mein Konto zu eröffnen, aber ich kann mich daran nicht mehr erinnern. Ich fahre seitdem immer mit dem Auto vor. Eines Tages fuhr ich mal wieder mit dem Auto an den Schalter; ich hatte meine zwei Söhne und die beiden Hunde dabei. Meine Hunde hießen Elvis und Nixon. (Ich habe übrigens festgestellt, wenn Sie einem Hund einen Namen geben, wird er mit der Zeit seinem Namenspatron immer ähnlicher. Elvis war eine weibliche Englische Dogge; als sie starb, war sie fett und tablettensüchtig. Nixon war ein Deutscher Schäferhund, der eines Tages eine Cassette fraß. Aber wir konnten sie retten, bis auf siebzehneinhalb Minuten.)

Zurück zu meiner Geschichte. Ich saß also in meinem Auto am Schalter der Drive-in-Bank und erledigte meine Geschäfte, da kam das kleine Schubfach heraus mit zwei Hundekuchen darin. Nett, nicht? Ich gab jedem der beiden Hunde einen Keks, und sie waren glücklich.

Das Schubfach schloss sich, dann ging es wieder auf, und zum Vorschein kamen zwei rote Lutscher. Ich gab einen meinem Sohn Tyler, den anderen meinem Sohn Patrick, und beide waren glücklich.

Ich sah zum Schalter hin und tippte mir fragend auf die Brust. Die Bankangestellte fragte: „Und was wollen *Sie*?" Ich sagte: „Jedenfalls keinen Hundekuchen." Das Schubfach kam erneut heraus, in ihm lag ein grüner Lutscher. Wer mag schon grüne Lutscher? Ich legte ihn in das Schubfach zurück und schob es hinein. Sie fragte, wo das Problem sei und ich sagte, ich wolle einen roten haben. (Für diejenigen unter Ihnen, die keine Lutscher kennen: Es geht nicht um die Farbe, sondern um den Geschmack.) Sie schob mir einen roten Lutscher rüber, und ich war happy.

Etwa eine Woche später fuhr ich allein am Schalter vor. Ich fuhr an dieselbe Stelle, aber da saß diesmal ein anderer Bankangestellter. Seine Kollegin, die nette Dame vom letzten Mal, saß an einem anderen Fenster. Als sie mich sah, drehte sie sich zu ihrem Kollegen um und sagte: „Übrigens, der Herr hier mag rote Lutscher." So bekam ich auch diesmal meinen roten Lutscher. Damit wurde es zur Gewohnheit. Ich war in der ganzen Filiale bekannt als der Mann, der rote Lutscher mag. Immer wenn ich zur Bank fuhr, bekam ich einen.

Ungefähr ein halbes Jahr später fuhr ich gegen 18.05 Uhr wieder vor. Der Drive-in-Schalter war schon zu, aber ich konnte die Mitarbeiter noch drinnen sitzen sehen. Ich winkte ihnen zu und sie winkten zurück, signalisierten mir aber durch mehrmaliges Kopfschütteln, dass die Bank schon geschlossen sei. Ich fuhr auf die Vorderseite der Bank, zum Foyer, wo der Geldautomat stand. Als ich vor dem Geldautomaten stand und wartete, bis er mein Geld ausspuckte, sah ich nebenan, hinter der Glastür, die Bankangestellten; wir winkten uns abermals zu. Plötzlich ging der Postschlitz der Vordertür auf und eine Hand kam heraus. Darin steckte ein roter Lutscher.

Meine Frau und ich haben getrennte Bankkonten – sie bei ihrer Hausbank, ich bei meiner. Eines Tages fragte sie mich, welche Zinsen ich auf meinem Bankkonto bekomme. Ich weiß nicht mal, ob ich überhaupt Zinsen bekomme. Sie brauchen keine Zinsen – sie haben ja die roten Lutscher. Als mein älterer Sohn 18 Jahre alt wurde und ein eigenes Geldkonto brauchte, fragte ich ihn, ob er zu meiner Bank oder zur Bank meiner Frau gehen wolle. Er sagte: „Zu deiner natürlich. Da gibt's immer rote Lutscher." Jetzt haben sie einen Kunden mehr. Vielleicht keinen sehr guten, aber ihre Überziehungszinsen halten sich im Rahmen.

Bis ich weggezogen bin, blieb ich der Bank viele Jahre lang treu, und zwar aus einem einzigen Grund: rote Lutscher.

Larrys Tipps:
So verkauft man richtig

››› Es gibt zwei einfache Wege, zu mehr Erfolg zu kommen: Die Ausgaben verringern oder die Einnahmen erhöhen.
››› Verkaufen sollte man auf der Grundlage von Prinzipien, nicht von Techniken.
››› Verkaufen heißt dienen.

››› Es gibt fünf Gründe, etwas nicht zu kaufen: Keine Notwendigkeit, keine Eile, kein Geld, kein Bedürfnis, kein Vertrauen.

››› So verkaufen Sie mehr:

 ›› Sehen Sie erfolgreich aus.

 ›› Seien Sie freundlich.

 ›› Fragen Sie.

 ›› Seien Sie ein guter Beobachter.

 ›› Hören Sie aufmerksam zu.

 ›› Machen Sie Eigenwerbung.

 ›› Hören Sie nicht auf zu lernen.

››› So verkaufen Sie noch mehr:

 ›› Seien Sie ehrlich.

 ›› Rüfen Sie zurück.

 ›› Machen Sie sich Notizen.

 ›› Seien Sie pünktlich.

 ›› Telefonieren Sie locker und geschickt.

 ›› Geben Sie mehr, als Sie versprechen.

 ›› Fassen Sie nach.

 ›› Schütteln Sie kurz die Hand des Kunden.

 ›› Lassen Sie sich nicht entmutigen.

››› Die Leute kaufen hauptsächlich aus einem bestimmten Grund. Finden Sie den heraus. Fragen Sie sie.

KAPITEL 16

Kurze, harte, teure Lektionen

Manche Lektionen sind so kurz, dafür braucht man kein ganzes Kapitel und auch keinen ganzen Absatz. Diese Lektionen sind für gewöhnlich die, die am schwersten und teuersten zu lernen sind. Hoffentlich können Sie sich alle gut merken.

Kurze Lektionen

Tun Sie das, wovon Sie wissen, dass es richtig ist. Belügen Sie sich dabei nicht selbst; Sie wissen immer, was richtig ist. Das Richtige ist selten das, was einem leichter fällt.

Die Leute lügen für gewöhnlich, um sich zu schützen.

Auf einen Lebenslauf kann man sich nur selten verlassen.

Firmen und Menschen versprechen oft mehr, als sie halten.
Das ist leider so. Wenn Sie es berücksichtigen, können Sie sich viel Zeit, Geld und Nerven sparen.

Alles kostet mehr, als Sie ursprünglich dachten.

Alles dauert länger, als Sie ursprünglich dachten.

Wenn jemand sagt, „ich mag Menschen", meint er damit,
er verbringt mehr Zeit mit Reden als mit Arbeiten.

Wenn jemand sagt, „ich arbeite nicht gern mit anderen zusammen", geben Sie ihm oder ihr ein eigenes Büro mit Tür und viel
Arbeit; sie wird bestimmt prompt erledigt.

Beweisen Sie, dass Sie intelligenter sind als andere, indem Sie
Leute einstellen, die intelligenter sind als Sie.

Die Menschen sind Egoisten. Finden Sie sich damit ab,
und machen Sie das Beste daraus.

Sie sind der einzige Mensch, der Sie mit Sicherheit nie im Stich lässt.

Tolerieren Sie Mittelmäßigkeit nicht.

Erwarten Sie nicht von anderen, dass sie Sie reich machen,
wenn Sie sie klein halten.

Je erfolgreicher Sie werden, umso weniger Freunde werden Sie
haben.

Nehmen Sie Ihren Job ernst – nicht sich selbst.

Jeder möchte, dass Sie erfolgreich sind, aber nicht erfolgreicher
als er selbst.

Wenn jemand verspricht, etwas zu versuchen, können Sie darauf wetten, dass nichts daraus wird.

Stress kommt, wenn man weiß, was richtig ist und doch das Falsche tut.

Fangen Sie jetzt an, machen Sie es später zu Ende.

Wenn Sie nicht willens sind, in das Richtige zu investieren, glauben Sie nicht wirklich an das, was Sie tun.

Man kann keine 110 Prozent geben, sondern höchstens 100 Prozent. Mehr als alles ist nicht möglich.

Die Leute achten kaum auf das, was Sie zu sagen haben.
Die meisten glauben Ihnen nicht einmal, was Sie sagen.
Aber sie werden darauf achten, ob Sie es wenigstens selbst glauben.

Fortbildung ist teuer, aber dumme Angestellte sind noch teurer.

Menschen motivieren sich selbst.

Seien Sie pünktlich. Fürs Zu-spät-Kommen gibt es keine Entschuldigung.

Die Kunden haben das Geld. Geben Sie ihnen, was sie haben wollen, und sie geben Ihnen gerne davon ab.

Schauen Sie auf die Zahlen, dann auf die Tatsachen, und dann vertrauen Sie Ihrem Bauchgefühl.

Mangel an Respekt ist der Hauptgrund für Entlassungen.

„Wissen ist Macht" stimmt nicht; nicht das Wissen allein, sondern seine Umsetzung bringt Macht.

Nur wenige übernehmen die Verantwortung für ihre Ergebnisse; die meisten schieben die Schuld lieber auf andere.

Gegen unfähige Mitarbeiter geht man lieber und billiger von außen vor.

Die besten Angestellten werden Sie irgendwann verlassen, egal was Sie tun, um sie zu halten.

Es ist nicht möglich, zu wachsen, ohne etwas zu riskieren.

Manchmal ist man der Verlierer. Denken Sie daran, falls es so weit kommt, und akzeptieren Sie es.

Man fragt Sie nicht, wie Sie etwas machen, sondern, wie viel Sie machen.

Jeder tut, was er will und wann er es will, und das erst, wenn er es will.

Die beste Werbung der Welt ist ein zufriedener Kunde, der es weitererzählt. Die schlechteste Werbung der Welt ist ein unzufriedener Kunde, der es weitererzählt.

Grübeln Sie nicht zu lange, ob Ihre Entscheidung richtig war. Treffen Sie die Entscheidung, dann können Sie sie immer noch abändern.

Prüfen Sie nach, ob das Erwartete herauskommt. Dinge passieren nicht einfach zufällig; Sie müssen etwas dafür tun.

Sie brauchen immer einen Plan B, außer Sie haben keinen. In diesem Fall müssen Sie zusehen, dass Ihr eigener Plan funktioniert.

Mit Verkaufen lösen Sie fast jedes Problem.

Veränderungen sind unvermeidlich, aber Wachstum nicht.

Wenn Sie Fehler gemacht haben, geben Sie es zu, bitten Sie um Verzeihung und gehen Sie zurück an die Arbeit.

Wenn Sie gegen etwas angehen, wird es nur noch hartnäckiger.

Sie können mit schlechten Menschen kein gutes Geschäft machen.

Hinterfragen Sie alles.

Manchmal ist das Beste, was Sie tun können, weggehen.

Nicht alle Probleme sind lösbar.

Bezahlen Sie erst Ihre Steuern, dann sich selbst und danach die anderen.

Ist das Vertrauen erst einmal zerstört, kann man es nie wieder hundertprozentig reparieren.

Wenn es zu kompliziert wird, machen Sie eine Pause, ordnen Sie die Dinge neu an und legen Sie erneut los. Erfolg ist stets einfach.

Kunden haben wenig Geduld und ein sehr langes Gedächtnis.

Bezahlen Sie lieber einen guten Rechtsanwalt als einen schlechten Angestellten.

Wenn Sie gute Leistung belohnen, bekommen Sie sie auch.

Geschäfte machen ist wie Golf spielen – nicht jeder Schlag muss auf Anhieb ins Ziel gehen, es geht mehr darum, dass man falsche Schläge korrigiert.

Sprechen Sie einfach. Erwarten Sie nicht, dass jeder gleich versteht, was Sie denken oder sagen. Machen Sie es immer so einfach wie möglich.

Die Leute behandeln einen so, wie man es ihnen beibringt.

Loben Sie öffentlich, kritisieren Sie privat.

Erwarten Sie von anderen keinen Respekt, wenn Sie selbst keinen aufbringen.

Lassen Sie nicht zu, dass Ihre Kunden Sie über den Tisch ziehen.

Alles hat seinen Preis, auch Erfolg und Misserfolg. Seien Sie darauf vorbereitet, wenn Sie Ihre Wahl treffen.

Und zu guter Letzt noch einmal zum Mitschreiben, denn es ist sehr wichtig: **Tun Sie das Richtige.** Egal, was es ist. Auch wenn es unbeliebt ist. Auch wenn es am meisten kostet. Auch wenn es Ihnen peinlich ist. Wenn Sie sich fragen, ob es das Richtige ist ... dann ist es nicht das Richtige. Wenn es das Richtige ist, erübrigt sich jede Frage. Man weiß es einfach. Tun Sie es.

KAPITEL 17

Larrys zwölf Gebote für Angestellte

1. Konzentrieren Sie sich auf gute Leistung. Machen Sie sich einen Namen als derjenige, der seine Aufträge erledigt.

2. Erwerben Sie sich einen guten Ruf, auf den Sie stolz sein können.

3. Seien Sie vertrauenswürdig. Behalten Sie Geheimnisse für sich, tratschen Sie nicht herum und zeigen Sie, dass man in allen Situationen auf Sie zählen kann.

4. Wenn Sie Ihr Wort gegeben haben, halten Sie es. Ohne jede Ausnahme.

5. Seien Sie pünktlich. Wenn man Sie irgendwo erwartet, seien Sie rechtzeitig dort.

6. Geben Sie nicht an. Das ist unangenehm und stößt andere ab.

7. Beklagen Sie sich nicht. Es interessiert niemanden. Die anderen haben genug eigene Probleme.

8. Freundschaft unter Arbeitskollegen ist etwas Besonderes. Sie ist nicht notwendig und nicht selbstverständlich.

9. Keine Toleranz gegenüber Beschimpfungen, Respektlosigkeit, unmoralischem oder unanständigem Verhalten Ihrer Vorgesetzten. Dafür ist das Leben zu kurz; es gibt genug andere Jobs.

10. Finden Sie heraus, was das Wichtigste an Ihrer Arbeit ist und kümmern Sie sich darum, dass es erledigt wird. Auch wenn an dem Tag nichts anderes mehr erledigt wird, das Wichtigste sollten Sie immer erledigen.

11. Bedienen Sie Ihre Kundschaft gut, ob es nun Ihr Kunde, Patient, Kollege oder Vorgesetzter ist. Je besser Sie anderen dienen, desto mehr Belohnung werden Sie in Ihrem Leben erhalten.

12. Denken Sie immer daran, dass Sie für einen anderen Menschen arbeiten. Er hat das Recht, Ihnen zu sagen, was Sie tun sollen, wann Sie es tun sollen und wie Sie es tun sollen.

KAPITEL 18

Larrys zwölf Gebote für Arbeitgeber

1. Legen Sie die Messlatte für jeden Ihrer Mitarbeiter hoch. Teilen Sie Ihre Erwartungen jedem klar und deutlich mit. Setzen Sie Ihre hohen Erwartungen im Management um. Überprüfen Sie, was Sie erwarten.

2. Seien Sie entscheidungsfreudig. Treffen Sie eine Entscheidung, und zwar die richtige.

3. Kümmern Sie sich nicht darum, ob man Sie mag. Kümmern Sie sich lieber darum, dass man Sie respektiert.

4. Bezahlen Sie Ihre Leute gut. Und halten Sie sich ansonsten aus deren Geldangelegenheiten heraus.

5. Mangelnder Respekt ist Grund genug, jemanden sofort und fristlos zu entlassen.

6. Entdecken Sie Ihre Einzigartigkeit und lernen Sie, sie im Dienst an anderen Menschen zu nutzen.

7. Wenn etwas kaputt ist, reparieren Sie es möglichst schnell, bevor sich das Problem zur Katastrophe auswächst.

8. Belohnen Sie lebenspraktische Fähigkeiten und persönliche Entwicklung. Gute Leute machen ihre Arbeit gut, schlechte machen sie schlecht.

9. Abgemacht ist abgemacht. Halten Sie Wort gegenüber Kunden und Mitarbeitern.

10. Feuern Sie die Leute, wenn es sein muss. Warten Sie nicht zu lange – und kritisieren Sie sich nicht dafür im Nachhinein.

11. Wenn Sie Leute einstellen, hüten Sie sich vor redegewandten Unfähigen, die jeden um den Finger wickeln, aber nicht viel leisten.

12. Halten Sie alles möglichst einfach. Wenn es sich kompliziert anfühlt, halten Sie inne, überprüfen Sie Ihr Handeln, vereinfachen Sie es und beginnen Sie erneut.

KAPITEL 19

Was nun?

Das ist eine Frage, auf die ich keine Antwort weiß. Sie haben meine Ideen und Meinungen kennen gelernt. Sie wissen jetzt, wie ich über Geschäfte und Geschäftsführung denke. Ich habe Ihnen erzählt, wie ich meine Firma führe und Ihnen zu allen möglichen Bereichen des Berufslebens meine Meinung gesagt. Vom Kundendienst über das Verkaufen und die Mitarbeiterführung hin zum Teamwork, zum Einstellen und Entlassen – jetzt wissen Sie Bescheid.

Denken Sie immer wieder daran, wie einfach alles ist. Machen Sie es sich und anderen nicht künstlich schwer!

Arbeiten Sie hart.

Verkaufen Sie, was Sie können – von selbst verkauft es sich nicht.

Beeindrucken Sie den Kunden, sodass er immer wieder Geschäfte mit Ihnen machen möchte und anderen von Ihnen erzählt.

Seien Sie vorsichtig, wenn Sie Leute einstellen.
Entlassen Sie die Leute, falls nötig, möglichst schnell.

Haben Sie Spaß an dem, was Sie tun und genießen Sie es, aber tun Sie vor allem das, wofür Sie bezahlt werden.

Ergebnisse sind das A und O. Sie können nicht lügen.

So, das war's, was ich Ihnen zu sagen hatte.

Jetzt kommt es darauf an, ob das Buch Ihnen in der Praxis hilft. Keine Ahnung.

Kann sein, kann aber auch nicht sein. Entweder Sie werden damit erfolgreich, oder es haut für Sie überhaupt nicht hin. Sie sehen, ich bin mir meiner Sache auch nicht sicher.

Aber eines weiß ich, und das gilt für die Berufswelt wie im gesamten Leben: Das Zeug kann nur dann funktionieren, wenn Sie es ausprobieren.

Bitte probieren Sie es aus. Nehmen Sie einen kleinen Ratschlag von mir und probieren Sie, ob er sich gut umsetzen lässt. Werfen Sie, nachdem Sie diese letzten Zeilen gelesen haben, nicht gleich Ihre ganze Firma über den Haufen. Das wäre zu viel des Guten und würde Sie nur ruinieren. Versuchen Sie erst mal eine Sache. Wenn das klappt, probieren Sie etwas anderes. Wenn das klappt ... Und so weiter.

Das ist alles, worum ich Sie bitte. Ich habe nichts vorgeschlagen, das sehr schwierig wäre. Ich habe Ihnen anfangs versprochen, dass alles sehr einfach ist. Ich hoffe, Sie werden mir jetzt, am Ende des Buches, zustimmen.

Das ist das Ende des Buches. Hören Sie auf zu lesen, blättern Sie zurück und suchen Sie sich eine Aussage aus, die Sie ausprobieren wollen. Dann legen Sie das Buch weg und fangen Sie an. Wann? Heute noch. Nicht morgen.

Danke an ...

Allen voran möchte ich denjenigen Firmen danken, die mich schlecht behandelt, mich auf den Arm genommen und über den Tisch gezogen haben. Ihre miese Behandlung hat mich dazu gebracht, mich für mich selbst und andere schriftlich, mündlich und persönlich zu engagieren.

Danke an die Idioten, für die ich all die Jahre über immer wieder gearbeitet habe, die meinten, beliebt zu sein sei wichtiger als kompetent zu sein oder dachten, sie könnten mich durch ihr übles Verhalten zu einem besseren Mitarbeiter machen.

Danke an alle meine Mitarbeiter, die dachten, wenn sie den Job von mir bekämen, bräuchten sie danach nichts mehr für mich zu tun.

Danke an meine Superstars, meine besten Angestellten. Ihr habt mir beigebracht, Euch aus dem Weg zu gehen, damit Ihr richtig arbeiten könnt.

Ein besonderes Dankeschön auch an alle Kunden, die mir die Meinung geigten, wenn ich sie schlecht bedient habe und mir klar sagten, wie ich es besser hätte machen können. Und an die, die nichts von mir kaufen wollten, denn aus jeder Zurückweisung habe ich gelernt, wie ich es beim nächsten Mal besser machen muss.

Danke auch allen Autoren und Vortragsrednern, die ihre Ideen in Büchern und Vorträgen mit mir geteilt haben. Ihr habt mich immer wieder genervt und inspiriert und mir dadurch geholfen, mir darüber klar zu werden, welche Tipps sinnvoll sind und welche nicht.

Ich danke meiner Frau Rose Mary, die mich zügelt, wenn ich es brauche – also fast immer. Sie ist mein Steuerungsventil und versteht es großartig, mich in der Spur zu halten.

Ich danke meinen beiden Söhnen Tyler und Patrick, die mich daran erinnern, wer ich wirklich bin und dass ich nicht altklug werden sollte. Vielen Dank auch an Vic Osteen, meinen Freund und Manager seit mehr als zehn Jahren, der mein Leben und meine Firma für mich regelt, damit ich es nicht tun muss. Er hat von Anfang an besser als jeder andere Mensch verstanden, wer ich war und was ich werden wollte.

Danke an meinen Lektor Erin Moore und seine Assistentin Jessica Sindler, die zur Verbesserung dieses Buches beitrugen, indem sie mich ermutigten, meine Ideen besser und verständlicher zu formulieren. Es war für uns alle drei nicht immer leicht, aber jetzt sind wir alle Sieger, weil sie so hart an dem Manuskript gearbeitet haben.

Danke an meinen Verleger Bill Shinker, der mich von Anfang an ‚verstanden' hat. Er hatte den Mut, es mit einem geschwätzigen Autodidakten zu probieren, der etwas vom Geschäftsleben verstand und ein Buch darüber schreiben wollte.

Danke an Jay Mandel, meine Literaturagentin von der Agentur William Morris, dafür, dass sie genug an mich glaubte und sich die Zeit nahm, dafür zu sorgen, dass dieses Buch entstehen konnte.

Danke an die Agentur Keppler Speakers für ihre Unterstützung. Ohne sie könnte ich nicht weltweit auf der Bühne stehen und meine Erfolgsphilosophie verbreiten.

Das hier ist mein Buch. Wenn Sie es mögen, dürfen alle Genannten sich darüber freuen; wenn nicht, trage ich allein die Schuld.